思维

建立高品质思维的 30 种模型

模型

[美] 彼得·霍林斯（Peter Hollins） 著

中国青年出版社
CHINA YOUTH PRESS

图书在版编目（CIP）数据

思维模型：建立高品质思维的30种模型 /（美）彼得·霍林斯（Peter Hollins）著；池明烨译. —北京：中国青年出版社，2020. 8

书名原文：Mental Models: 30 Thinking Tools that Separate the Average From the Exceptional. Improved Decision-Making, Logical Analysis, and Problem-Solving.

ISBN 978-7-5153-6074-4

Ⅰ.①思… Ⅱ.①彼… ②池… Ⅲ.①思维方法 Ⅳ.①B804

中国版本图书馆 CIP 数据核字（2020）第104543号

思维模型：建立高品质思维的30种模型

作　　者：﹝美﹞彼得·霍林斯
译　　者：池明烨
策划编辑：肖颖慧
责任编辑：于　宇
文字编辑：张祎琳
美术编辑：张　艳
出　　版：中国青年出版社
发　　行：北京中青文文化传媒有限公司
电　　话：010-65511272 / 65516873
公司网址：www.cyb.com.cn
购书网址：zqwts.tmall.com
印　　刷：大厂回族自治县益利印刷有限公司
版　　次：2020年8月第1版
印　　次：2025年3月第6次印刷
开　　本：880mm×1230mm　　1 / 32
字　　数：110千字
印　　张：6.75
京权图字：01-2019-4363
书　　号：ISBN 978-7-5153-6074-4
定　　价：49.00元

版权声明

◇ 目 录 ◇

第一章
如何快速而全面地
做出决策

或许你对查理·芒格（Charlie Munger）这个名字较为陌生，但对他的商业伙伴应该很熟悉，那就是住在奥马哈（Omaha）的亿万富翁沃伦·巴菲特（Warren Buffett）。巴菲特是全球最知名的投资人之一，也是几十年来世界最富有的人之一。

　　自1978年以来，他们俩并肩合作，执掌巴菲特成立的多元化投资集团伯克希尔·哈撒韦公司（Berkshire Hathaway）。虽然芒格的知名度不如他的合作伙伴，但巴菲特表示，他取得的成功在很大程度上有赖这位黄金搭档。近年来，芒格向世人讲述了他的人生智慧，赢得了很多人的追捧。

　　1994年，芒格在南加州大学商学院（USC Business School）

毕业典礼上发表了演讲，题为《论基本的、普世的智慧及其与投资管理和商业的关系》（*Lesson on Elementary, Worldly Wisdom as It Relates to Investment Management & Business*），其睿智的箴言开始备受关注。芒格在演讲中提出了"思维模型"（mental model）的概念，流传甚广，20 多年后依然产生深远的影响。他说：

什么是基本的、普世的智慧？第一条规则是，如果你只是记得一些孤立的事实，试图把它们硬凑起来，那你就无法真正理解任何东西。如果这些事实不在一个理论框架中相互联系，你也就无法把它们派上用场。你必须在头脑中建立起一些思维模型，你必须依靠这些思维模型组成的框架组织自身的经验，包括直接经验和间接经验。

也许你已经注意到，有些学生一味地死记硬背，以此来应付考试。他们在学校里是失败者，在生活中也是失败者。你必须把经验置于头脑中那个由许多思维模型所组成的框架中。

这都包括哪些思维模型呢？这么说吧，你首先必须拥有多个思维模型——因为，如果你只能使用一两个，人类心理的本性就会让你扭曲现实，硬塞进你自己的思维模型，至少你自己觉得是塞进去了。你会变得跟脊椎按摩师一样，成为医学界的笑柄。

俗话说："在只有一把锤子的人看来，任何问题都像钉子一样。"当然，脊椎按摩师（chiroprator）也是这样治病的。但这绝对是一种灾难性的思考方式，也绝对是一种灾难性的处世方式。

所以，你必须拥有多个思维模型。这些模型必须来自不同的学科——因为你不可能在一个小小的院系里找到人世间的全部智慧。正因如此，诗歌教授大体上缺乏普世智慧。他们的头脑中没有足够的思维模型。所以你必须具备跨学科的思维模型。

你可能会说："天哪，这也太难做到了。"但幸运的是，这并没有你想的那么难——因为掌握八九十个重要模型就差不多能让你成为一个具备普世智慧的人，而其中非常重要的只有几个。

他又强调：

你必须知道重要学科的重大理论，勤加使用——要全都用出来，而非固定地只用几种。大多数人只学了某一学科的思维模式，比如经济学，就想套用到所有问题上。俗话说："在拿锤子的人看来，整个世界都是一颗钉子。"这种处理问题的方式是愚不可及的。

在我看来，即使深入钻研某个学科谈不上愚不可及，但面对生活中林林总总的情况，这确实不是理解问题、解决问题的最佳方式或有效方式，因为你会对主要知识库之外的领域知之甚少。但正确的做法并不是成为每个领域的专家，而是找到自己的思维模型框架。

就这样，芒格清楚地表明，若是缺乏一套思维模型去处事，就等于蒙上眼睛，随意地往旋转的地球仪上一指，指望以此找到想找到的地方。缺少思维模型作为指引思考的蓝图，你只能看到一堆毫无章法的孤立元素，而找不到彼此之间的关联。

沿用芒格拿锤子打的比方，如果你在建筑工地工作，就应该学会使用锤子、锯子、钉子、钻机、磨砂机，等等。你能熟练掌握的工具越多，就越能处理建筑工地上不同的新工作；你掌握的思维模型越多，就越能很好地理解和应对生活中各种发生过或从未遇到过的事件。

那么，准确地说，什么是思维模型呢？

思维模型是针对你所面对的情况，指引你关注重要元素的蓝图，界定场景、背景和方向。即使缺乏实际知识或经验，你也能够增进了解，做出最佳决策。

例如，如果你在学习厨艺，有志成为厨师，那么你学到的大多数知识都组成了思维模型：有哪些味道，做高汤或酱汁需要哪些基本食材，针对不同肉类有哪些常用的烹饪手法，饮料和食品有哪些常见的搭配。了解到这些方面，你在做菜式的时候大致心中才能有数。缺少了相关模型框架，每一份新的食谱都会带来全新的难题。

虽然许多问题都有共同点，但不同的问题需要不同类型的蓝图。因此，芒格认为我们要掌握思维模型框架，为尽可能多的情况做好准备。缺少了思维模型，我们可能只看到一堆杂乱无章的线条。但有了适用的思维模型，我们就像拿到一幅地图，知道这些线条都有哪些含义，以此正确解读信息，做出明智的决策。

思维模型帮助我们了解情况，在可行的情况下，预测将会发生什么结果。我们可以称之为人生的启发法或指南，帮助我们评估和理解情况。我们也可以视之为一副护目镜，戴上以后，可以帮助你聚焦特定目标。

或许你会想，没有哪个模型可以百分百地反映世界，但也用不着百分百地反映世界，只要在这个纷繁复杂的世界中能为我们指引正确的方向，从噪声中筛选出信号就可以了，这总比完全处于盲目状态好。

我们积累了多年的生活经验，从日常生活中总结规律，已经有了自己的思维模型。大多数人都知道高档餐厅的礼仪规范，因为我们或多或少接触过这样的环境。我们也根据自己的价值观、经验和独特的世界观，形成了一套思维模型。或许你出于对大机构的不信任，拒绝把钱存在银行，而是藏在自己的床底下，这也是你的经验法则——谁说所有思维模型都是有用、准确或普遍适用的？事实上，有些思维模型每每会让我们误入歧途。

顾名思义，我们自己的思维模型是有局限性的，只反映了带有偏见的思维角度。

如果我们在努力观察和理解这个世界时，只使用自己的思维方式，我们对这个世界就不会有非常全面的理解。我们必然会犯一些彻头彻尾的错误，遇到自己的经验都不适用的情况，就会茫然不知所措。

这正是本书可以帮到你的地方，我想介绍一个思维模型框架，帮助你更好地应对各种情况。有些思维模型是具体的，有些思维模型是普遍和广泛适用的。这些思维模型可以帮助你更清晰地思考，做出更明智的决策，在混乱中找到清晰的方向。

通过不同的思维模型来看待同一事物，你重点关注的对象不同，就会产生截然不同的看法，这肯定比你光从自己的参照框架出发更加全面。你越是形成更多元化的思维角度，就越能更好地理解这个世界。

我们在上文提到的厨师学徒可以从许多角度来看待一篮食材，包括烘焙师的角度、经典法式厨师的角度、三明治艺术家的角度、川菜厨师的角度，等等。没有哪个模型是最好的，但可以为你提供一个参照框架，而不是光盯着一堆食材无从下手。

或许思维模型最重要的作用，是防止你造成人为失误——芒格的另一次著名演讲题目恰恰是《人类误判心理学》（*The Psychology of Human Misjudgment*）。

如果你拥有的思维模型太少，就可能陷入盲人摸象的误区。

这个寓言①是这样的：有一天，有几个盲人想知道大象是什么样子的，都伸手去摸，却只摸到大象的不同部位：膝盖、身侧、牙齿、躯干、耳朵和尾巴。单独来看，每个盲人都没错，可他们只是从单一的角度判断，所以误判了整头大象是什么样子的。

多个模型可以相互质疑，形成更统一的整体观点。而若是只使用一两个模型，就会让你只从具有局限性的场景或学科出发，致使远景不够开阔。掌握众多不同的思维模型，可以开拓你的视野，排除光使用一两个模型可能会产生的一些零星"失误"。

即使你不懂得无数个学科的所有来龙去脉，也可以使用多个思维模型，只要了解几个重要学科的要点和基本原理就可以。不管怎样，别做那个只拿一把锤子的人。

本书第一章深入剖析了决策思维模型。从某种意义上说，大多数思维模型归根到底都可以帮助我们做出决策，但这几个模型可以帮助我们更快速地处理信息，实现你更有可能感到满意的结

---

① 盲人摸象寓言的一个版本。——编者注

果。换言之，你可以更快地从A点到达B点，或许还能界定A点实际上是什么。

我们要做出决策时，大多数时候都会面临海量信息，感到不堪重负——这是典型的信噪比问题。你要学会选择性失聪，只听取重要的信号，这就涉及第一个思维模型。

思维模型1

关注"重要"任务，忽略"紧急"任务

用于区分真正的优先事项和冒牌货。

即使在放松的时候，我们面临做出决策，也可能会突然陷入恐慌，肾上腺素飙升。我们可能在泳池里戏水，享受着闲情雅致，还是会突然产生这种感觉。为什么会这样？

这是因为大脑在欺骗我们，让我们相信了最危险的谬误之一——永远专注于无关紧要的事务。所有事情看起来都十万火急，需要尽快处理，若不马上采取行动，就会产生可怕的后果。

这里的错误在于把"重要"和"紧急"混为一谈，而没有意识到这两个词之间有天壤之别，你应该怎样分清事情的轻重缓急。掌握区分两者的能力，你就朝着减少焦虑、停止拖延症、确保采取最佳行动迈出了关键一步。

这个思维模型大概在生产力领域最为常见，在这个领域，时间就是金钱。我们把太多时间花在所谓"紧急"任务上，其实应该关注的是"重要"任务。

重要任务：这些任务为我们实现短期或长期目标做出直接贡献，对我们的工作、职业或生活绝对至关重要，不容忽视，应该优先处理。这些事或许不需要马上处理，所以看起来好像不重要，因此，我们很容易就会掉进忙于紧急任务而忽略重要任务的陷阱。但真正影响你最看重的方面的，其实是重要任务，一旦忽视，就会产生严重的不良后果。

紧急任务：这些任务只是要求你立即快速处理，通常是其他人提出的要求。当然，这自然会引起你的反应，可能会让你忘了重要任务。紧急任务可能会与重要任务重叠，但也可能只是无关紧要的琐事，其实并不需要你立即处理。这些任务通常较为琐碎，易于完成，所以我们经常出于拖延症，忙于琐事，自以为做了点有用的事，其实忽略了真正需要做的事。许多所谓的紧急任务其实是可以推迟、转交给别人处理，甚至索性置之不理的。

举一个简单的例子，如果你是作家，交稿期限很紧，重要任务是继续写书。你在未来两周内，每天要写出5000字，不然就得粗茶淡饭度日了，这算是优先事项。

紧急任务是你车里的"检查引擎"灯总是一闪一闪的，烦人得很。你的车再开几次多半也没有问题，虽然那盏灯向你挤眉弄眼、发出呼唤，但你需要抵挡住诱惑，因为这只是所谓紧急的琐事，只是假扮成重要任务而已。

通常情况下，你会发现在一项重要活动或项目中，或许并没有牵涉到那么多的紧急任务。这往往会令人混淆优先事项，幸运的是，要区分紧急任务和重要任务，有一个久经验证的方法。这个方法得名于美国最知名的总统之一：德怀特·戴维·艾森豪威尔（Dwight D. Eisenhower），被称为艾森豪威尔矩阵（Eisenhower Matrix），艾森豪威尔矩阵会帮助你分清事情的轻重缓急，确定你目前真正需要处理的任务。

艾森豪威尔总统在二战期间是五星上将，1953—1961年连续担任两届美国总统。除了带领同盟国军队在"二战"中获胜，艾森豪威尔总统还监督创立了美国国家航空航天局（NASA），建设美国州际公路系统，提出《新民权法案》，并带领美国走过冷战时期的风风雨雨。

为了把无比复杂的日程安排得井井有条，艾森豪威尔总统提出了一个系统性方法，把活动和需求分类，整理出最重要的任务，并找出为了实现这些重要任务需要采取哪些最关键的流程。这个方法也能帮助他确定哪些任务是不那么重要的，他可以分派给其他人完成，或者完全不用去做。换言之，也就是把重要任务和紧急任务区分开来。

有些任务可以推动《新民权法案》的立法，但看起来好像总是不那么紧急。还有些任务看似十万火急，但其实是否完成并不会产生重大影响。无论是谁，都应该分清任务的轻重缓急，更何况是美国总统。

艾森豪威尔矩阵简单易用，可以大大提高效率，取得更好的成绩。这个模板简单直观，是一个二乘二的栅格，分为"重要"任务和"紧急"任务（如表1.1所示）。

	紧急任务	不紧急任务
重要任务	今天就做	安排时间去做
不重要任务	分派给其他人	清除，不再去做

表1.1　艾森豪威尔矩阵

重要任务。矩阵第一行代表了一个人生活中最重要的义务或责任，这些事情需要我们积极主动地予以最大的关注。在工作中，这可能包括我们所在职位的职责说明中最相关的方面——监督预算、管理界定公司业务的长期项目或者维持运营。在个人事务中，可能包括管理我们自己（或爱人）的健康状况，维持恋爱或婚姻关系，出售房屋或者创业。会对我们生活或工作的所有其他方面产生最大影响的，就是最重要的。

然而，就算一件事极其重要，也不代表我们需要马上解决所有相关活动。有些活动可以先放到一边（甚至无限期推迟），有些活动还没有到处理的时候，有些活动要等到别人先完成其他活动后才去做。简言之，你不可能马上完成所有活动。这就是紧急指标的作用了：矩阵第一行的划分标准在于，什么是需要马上去做的，什么是可以推迟的（但日后某个时候还是必须去做）。

紧急任务：今天就做。"今天就做"的对象应该是绝对刻不容缓的事情，必须尽快完成，才能避免不良后果或不可收拾的局面，越早完成，日后需要做的工作就越少（越是轻松）。"今天就做"的任务通常是有期限的：期末论文、法庭文件、新车登记、入学申请，等等。

这也包括为了避免发生灾难而必须完成的紧急情况或活动。"今天就做"的任务是需要立即履行的职责，需要在今天结束之前完成，或者最迟明天完成。这些责任需要你付出很大努力，你害怕去做，却也不得不做，所以会引起焦虑。

不紧急任务：安排时间去做。处于第二象限的任务需要在某个时候完成——但未必是现在。就算今天不做，也不是世界末日，完成这些任务没有严格的期限。可是，这些任务迟早都要完成，通常是在相对短时间内就要做，所以需要制定时间表。要"安排时间去做"的任务包括约定与大客户开会的时间，安排时间修补漏水的屋顶，学习或阅读课堂材料或工作文件，或者履行长期的责任。

你可以把这些任务的时间安排在火烧眉毛的事务之后，计划在不久的将来去做，但时间安排不要妨碍到你真正紧急而又重要的任务。"安排时间去做"的任务也是中长期计划的关键元素：你在制订未来一周或一个月的计划时，应该把"安排时间去做"的任务纳入时间表。

安排这些不紧急任务时，你要避免掉进一个陷阱：把优先等级排得过于靠后。要保持正常运营，必须处理这些重要任务；如果你弃而不顾或抛在脑后，这可能很快就会变成紧急任务。以上文提到的"检查引擎"灯为例——说一件趣事，我车上的"检查引擎"灯亮了接近一年，我一直开着车，也没出什么事。所以，这些任务虽然理论上重要，但不必马上去处理。

不重要任务。艾森豪威尔矩阵的最后一行是对你自己不那么重要的任务，但不代表对别人不重要（不过也不排除这种可能），这些活动由其他人来完成或许更合适或更有意义。

其他人肯定会跟你说，这件事对你来说是重要的，但他们往往只是把自身利益投射到你身上。这件事真的对你有影响吗？即使有，也只是微乎其微。不重要任务也可以按相对紧急程度划分为两项。

紧急：分派给其他人。或许在矩阵中，最令人迷惑不解的方框是不重要但紧急的任务。或许在工作环境中最容易理解：这些任务或许真的需要完成，即使你可以去做，但也不必由你亲自处理。如果你确实自己完成，就可能会干扰你绝对需要现在或日后处理的重要任务。

出于这些原因，这样的任务最好分派给其他人去做。如果你是团队领导人，就应该找人帮你处理这些任务。

要辨认不重要／紧急任务，可以衡量这些任务对正在发生的事情有多么重要。我们可以非常笼统地称之为干扰：电话、电邮、家里一直有事，等等。或许在闲暇时候，专注于这些事情也是重要的，但就目前来说，这些任务可能对你造成干扰或误导，妨碍你为了实现整体目标而完成必要的任务。

即使你担任一家公司的首席执行官（CEO），手下有100人，你可能还是会处理客服电邮。这些客服电邮是极其愤怒和不满的客户发来的，对所牵涉的每个人来说都是需要紧急处理的任务——只有你除外。

这些日常工作中的琐事，真不该由你亲自处理，因此，你必须分派给其他人去做，从时间表中清除这一项目。

不紧急：清除。最后，有一些活动和职能，对你手头的优先事项来说，既不重要，也不具有时效性。那么，你还留着干什么呢？休闲活动、社交媒体、追剧、煲电话粥、沉迷于个人嗜好……这些活动多半只会对你产生干扰，或者让你逃避真正需要去做的事，增加无谓的负担，妨碍你提升效率和分清任务的轻重缓急——

我们未必总会优化这些方面，但还是要做到心中有数。

总会有一些事情出于这样那样的原因，吸引你的注意力，想要迫使你做出回应。有时这些事情实在无关紧要，转瞬即逝，你甚至难以说明白，但积少成多（如果想让自己大吃一惊，看一下加起来究竟有多少，你可以在手机和电脑上安装监控应用程序，看一下自己花了多少时间在做完全无用的事）。

你根本不该把这些活动纳入时间表，只有在做完其他事之后，才能去做这些事。只保留对你的项目和人生取得根本成功而言重要的任务。这不代表你永远也不能做这些事（不时解脱一下也是好事），但如果你正在从事其他重要任务，需要投入注意力或进行监督，就应该把这些活动完全排除在外。总之，你在完成重要任务之后，再去做这些事，会更有意义，获得更大的满足感。

纵然有些事情仿佛要求你快速回应，但这并不代表你必须马上去做；纵然有些事情仿佛是嘀嘀嗒嗒，不急不缓，但这并不代表你可以听而不闻。学会平衡这两点，你才能做出最佳决策。

思维模型2

设想出所有多米诺骨牌

用于做出尽可能明智的决策。

大多数人需要做出决策时，只会考虑这一决策会产生什么直接影响——尤其是时效性强或紧急的决策。我们会提前设想一个多米诺骨牌，但生活绝非这么简单和孤立。还有其他多米诺骨牌呢，它们不会凭空消失。

我们把大多数日常决策视为孤立的情境，不会产生多少正面或负面的影响。令人不安的是，我们在日常生活中往往缺乏远见卓识，这是人类的生理构造决定的。在这里，本能并不能很好地为我们服务。人类典型的思维方式本来也无可厚非：我踩到了一颗钉子，感到疼痛，自然会跳到一边，结果却掉下了悬崖。这种事情时有发生。

这通常称为"一阶思维"，我们只专注于解决手头上的问题或对手头上的事情做出决策，而不去考虑长远影响或我们的决策在遥远的未来会发挥什么作用。你可以理解为只考虑第一个多米诺骨牌的思维方式。

但我们所做出的许多决策（尤其是让我们在夜里辗转反侧的决策）都会产生眼前看不到的影响。人类对后果就像蝙蝠一样盲目，一个人做出的小决策可能在日后产生意想不到的影响，造成蝴蝶效应。所产生的后果不限于我们决定马上做出的变动——其他人或其他情况也可能受到影响。有些影响可能真的是不可预测的，有些影响可能潜伏在暗处，在骤然来袭时才看得见。但还有些时候，我们只是因为没有深入透彻地把问题想明白，才会感到猝不及防。

好了，我们不应该怎样做已经说得够多了，那么，我们应该怎样做呢？我们应该设想出所有多米诺骨牌，也称为"二阶思维"。

所谓二阶思维，是指努力预估未来，推断出可能产生的一系列后果，用于进行成本效益分析，以便做出决策或制订解决方案。你不是简单地满足于买新的公寓，而是要想一下这会对你的信贷和债务产生什么影响，以后能否养得起一条大狗。你不是每个星期染一次头发，而是要想一下刺激的染发剂已经令秃点增多，你可能很快就得戴假发。

是的，二阶思维通常会让你三思而后行，避免做出鲁莽的决策，因为你会考虑所做的选择会产生什么样的长远影响。你会尽可能搜集更多的信息，经过慎重考虑才做出决策。

你做出决策后，倒下的第一个多米诺骨牌是什么呢？可能会通往哪三条道路？那些道路又通往何方？你不能满足于找到最明显的情况，就停止分析，而是应该尽可能考虑更多的长远影响。你的决策会怎样导致其他多米诺骨牌倒下？如果你推倒这个多米诺骨牌，由于时间或精力有限，有哪些多米诺骨牌是你无法推倒的（机会成本）？

著名投资者霍华德·马克斯（Howard Marks）简单直白地说明了二阶思维在日常生活中的应用。

举一个很好的例子，约翰·梅纳德·凯恩斯（John Maynard Keynes）在1936年出版的著作《就业、利息和货币通论》中，拿一个选美比赛来打比方。报上发布100张照片，要求参赛者选出其中最美的6个，选择结果与得票率最高的6个相符者获奖。不明就里的参赛者会努力选出最美的6个。但请留意，获奖条件不是选出最美的6个，而是选出得票率最高的6个。因此，获胜的方法不是选出谁最美，而是预测一般的参赛者会觉得谁最美。显然，要做到这一点，获奖者必须运用二阶思维（运用一阶思维的人甚至不会认识到两者的差别）。

参赛者还可以更进一步，考虑到其他参赛者会对大众的审美标准有自己的看法。因此，策略可以延伸到运用三阶思维、四阶思维。以此类推，在每一个层面上，参赛者都是根据其他人的推理，预测比赛的最终结果。

"参赛者不是要根据自己的审美标准选出谁真正最美，甚至不是大众真正觉得谁最美。运用三阶思维的人，要费心预计大众觉得大众的观点是怎样的。我相信，还有些人会运用四阶思维、五阶思维，甚至更高阶的思维。"

你可以这样去想：一件事发生之后，极少不会引发一连串的事件。你要做的是忽略你可能得到的正强化和满足感（坦白说，这些方面可能会让你变得盲目），了解哪些方面可能出差错，可能出怎样的差错，为什么可能出这样的差错。如果你看到每项决策都可能推倒其他多米诺骨牌，找出每个多米诺骨牌都是怎样的，那会怎么样？这是一项冗长的任务，但可以增进你的认识。

二阶思维可以让你预计整体的决策。即使你运用二阶思维之后没有改变决策，但你考虑了10倍的情境，因此做出了更明智的决策。有时候，最多也只能做到这样，我们无法预测未来，但不能不去想。

如果二阶思维有这么了不起，那么为什么不是每个人都在用呢？因为这殊非易事，人可不是持续做正确的事的杰出代表。只要看一下我们的饮食习惯，以及减肥瘦身行业年收入有多少，就可见一斑。要质疑我们的行动会对眼前之外的情况产生什么影响，需要我们探究未知的未来，进入费力或复杂的思考迷宫，别人可能会说我们在做出决策或考虑问题时"想太多了"。

事实上，运用二阶思维，你可以清晰地思考问题——至少比你的竞争对手更加清晰。在大多数时候，这都是很重要的。没有人可以凭着做出明显的选择或者接受最方便、最简单的答案，在芸芸众生中脱颖而出。能够更深入、更高瞻远瞩地预估和预测未来发生了什么，才是成功人士的标志，基本上值得你付出额外的努力。运用这个思维模型，你可以更好地做出决策，避免发生遗漏。

关于运用二阶思维，霍华德·马克斯提供了一些指引性的问题：

1.这项决策会对未来的事件产生多么广泛的影响？ 除了改变你当前关注的事项，你的决策还会产生什么影响？又会造成哪些关注事项？你决策的目的能得到满足吗？

2.我认为会产生怎样的结果？ 放眼最直接问题的简单解决方案之外，如果你采取这样的做法，成功了会产生什么影响，失败了又会产生什么影响？结果会是怎样的？成败各半会是怎样的？这自然就引出了下一个问题。

3.我成功或正确的概率有多高？ 尽可能客观地判断，你评估准确的概率有多高？你的预测实事求是吗？还是至少有点异想天开或疑神疑鬼？每项决策都有成本效益比率。你是否明知会失败或只是成败各半，还是偏要去做呢？

4.别人都是怎么想的？ 希望至少有一两个人（最好是更多）对你的预测给予中肯的意见，告诉你他们觉得你的预测是否正确。你不应该一味听从大多数人的意见，也应该了解一下别人对你的预测有何看法。我们不是要人云亦云，可是，若是闭门造车，通常会对现实茫然不知，我们只是要防止后者的发生。

5.我的想法跟别人有何区别？ 你的想法跟大众的认识和意见有什么主要分歧？你有哪些方面的信息和预测是跟别人不一样的，为什么会不一样？你的想法有何依据？是否遗漏了什么？这自然会引出最后一个问题。

6.别人设想会有哪些多米诺骨牌倒下？ 无论有没有人可以跟你讨论你的想法，最后这个问题的目的在于让你走出自己怀有偏见的视角，从别人的角度看待决策。主动寻求和表述别人可能看到的多米诺骨牌效应，从他们的角度看一下多米诺骨牌是怎样倒下的。并非所有的角度都站得住脚，但这可以为你提供更多信息。

记住，这个思维模型旨在获取更多信息，做出更明智的决策。我们无法完全规避人类贸然下结论、一时冲动就做出决定的本能，但可以更有条理地考虑决策因素。

这个思维模型也可以称为"忽视猴爪"，但这种说法似乎过于病态了。所以在这里，我只是简单复述一下《猴爪》（*Monkey's Paw*）的出处，你可以自己决定，哪一种说法更能迫使你检视二次影响。

《猴爪》是雅各布斯（W.W. Jacobs）在1902年撰写的一部短篇小说，讲述了一个人得到了一只有魔力（被施加了咒语？）的猴爪，可以实现三个愿望。这人不知道的是，每个愿望严格来说是实现了，但却造成了惨重的后果。

第一个愿望，他希望得到200美元。第二天，他的儿子工伤身亡，公司向他支付了200美元的补偿金。

第二个愿望，他希望儿子复活。过了一会儿，他听见敲门声，窥视门外，看见儿子残缺腐烂的身体，吓得魂飞魄散。

于是，他许下了第三个愿望：希望儿子消失。意想不到的后果可能是很严重的！

思维模型3

做出可逆的决策

用于尽可能战略性地消除犹豫不决，形成行动偏向。

理论上来说，决策是简单的事。有些人凭直觉，有些人努力靠大脑，还有些人完全从自身利益出发——对我有什么好处？

然而，决策并非我们的目标——快速做出最佳决策才是我们的目标。为了加快决策速度，我们必须理解这个思维模型，区分可逆和不可逆的决策，帮助我们更快速地采取行动。

我们之所以会不作为，最大的原因之一在于，认为一旦做出决策即成定局，因而焦虑不安。我们习惯性地认为没有回头路可走，应该"言出必行"。

坦白说，这种方法会让你犹豫不决，实在大错特错。并非所有决策都是不可改变的，大多数决策实际上是完全可以更改。这样对待决策，你会在大多数情况下采取行动。例如，下面哪一项决策会让你更加安心？是买"货物出门，恕不退换"的车（不可逆）呢，还是买有"100%退款保证"的车（可逆）呢？是给浴室粉刷（可逆）呢，还是加建一个浴室（不可逆）呢？是给你的猫剪毛（不可逆）呢，还是给你的猫染毛（可逆）呢？本质上，你更愿意立即采取行动的，都是更可逆的情况。

能够分辨可逆／不可逆决策之间的差异，是加快决策速度的关键之一。在进行决策分析时，你可以加入这样一个问题：我怎样才能让这个决策成为可逆的，需要怎样去做？我能做到吗？然后再去做。

但知道两者之间的差异，也能让你掌握大量之前无从获取的信息。

那是因为比起事前分析，行动几乎总能为你提供更多信息。你在买车时，很可能并不知道车辆真正的日常性能。如果有100%退款保证，你就可以立即买下这辆车，获取有关车辆日常性能的宝贵信息。然后，视你的满意度而定，你可以选择逆转或维持这个决策。无论如何，你都可以掌握极其有用的信息，对决策充满信心。如果你不区分可逆／不可逆决策，你的决策速度会更慢，也更加无知。

在绝大多数情况下，逆转决策并非出尔反尔，只是因应新的信息来调整你的立场，不然你就太傻了。因此，你应该做出更多可逆的决策。你是对是错都没关系，反正你也不会有什么损失，还能获取信息，如果结果证明你做出了正确／最佳决策，你就能先人一步。最坏的情况也不过是回到原点，这其实也不太坏。

那些明明可以做出可逆的决策，却还是迟疑不决、只会发愁的人，只是在浪费宝贵的时间，落后于人，使用不完整的信息。火箭设计师沃纳·冯·布劳恩（Wernher Von Braun）是这样看待这个问题的："一次良好的试验胜过一千个专家的意见。"

了解可逆和不可逆决策之间的差异，可以决定你生活的节奏和势头。如果你偏向可逆的决策，就会不断地行动和学习，不会过度分析或陷入分析瘫痪。你不会成为谚语中的布里丹之驴（Buridan's donkey），这只闷闷不乐的驴子站在两堆干草中间，由于犹豫不决和过度分析活生生饿死了。或许这不会改变你对不可逆决策的思考过程，反正面对不可逆的决策，你也不应该仓促行事。但对于可逆的决策，你不会有什么损失，只会受益。

亚马逊（Amazon.com）创始人杰夫·贝索斯（Jeff Bezos）与莱克斯·卢瑟（Lex Luthor）①越来越像，在本书撰写时，贝索斯是世界首富。他以自己的方式划分这两类决策。

第一类决策是不可逆的，是不可收回的重大决策，经常会产生巨大影响。第二类决策是可逆的，虽然贝索斯也警告说，我们不应该过度依赖可逆的决策而鲁莽行事，但审慎运用这类决策，可以给予决策者更多快速行动的回旋余地。

针对混淆这两类决策的陷阱，他认为：

随着公司规模扩大，滥用重磅级第一类决策的趋势开始浮现，

① 莱克斯·卢瑟是美国DC漫画中的超级反派、超人的头号死敌。——译者注

乃至许多原本适用于第二类决策的问题也被囊括其中。导致的后果是拖沓、盲目的风险厌恶，未能进行足够的试验，发明创新也随之减少。我们必须想办法克服这种趋势。一刀切的思维方式只会成为其中一个陷阱。我们要努力避免这种思维方式……和其他能找出的大公司病。

对待可逆决策，应该形成行动偏向，在这一点上，他跟我们的看法是一样的。他认为这是灵活、明智企业的标识，多半也在感叹亚马逊这样的大公司，每个决策都仿佛是重磅级的，是不可逆的。

做出可逆决策有一个重要前提：或许这些决策会让你看到更多可能性，更加灵活，但还是应该基于事实——而不是毫无依据的预估、一厢情愿或感情用事。只有当可逆的决策切合实际，得到数据或过往结果的支持，这些决策才是可行的。若你能根据可予证明或既定的信息做出可逆决策，那么就会让你更省时省力。

如上所述，决策本身并不是困难的任务。但若想做出最佳决策，我们可以借助可逆的决策，确切了解你需要掌握的信息。

思维模型4

寻求"满意度"

用于实现你的优先目标，忽略无关紧要的事情。

"满意度"（Satisfiction）是一个生造词，但不是我生造出来的，换句话说，这也算是纳入字典的真词吧。

下一个用于决策的思维模型专门帮助我们只专注于需要的方面，以此提高决策速度。这样一来，我们很可能会意识到，需要的东西其实远远没有原本以为的那么多，只是欲望伪装成了需求。

"满意度"（satisfice）是满意（satisfy）和足够（suffice）两个词合成的，由赫伯特·西蒙（Herbert Simon）在20世纪50年代首创，是为了给那些希望从决策中获得最大利益的人提供便利的选择。事实上，大多数人可以分为两类决策者：满足者（satisficers）和最大化者（maximizers）。

你可能对最大化者并不陌生，他们什么都想要，会努力、努力再努力，直到得到想要的结果。他们极其挑剔，这种挑剔达到令人气馁的程度，会用尽期限内的时间去做一项决策，无一例外。即使在做出决策以后，他们还是会思来想去，后悔自己的决策。另一方面，满足者可以更准确地决定什么才是真正重要的，专注于这些方面。他们会抓住要点，直奔目标，结束后不再回头。

设想一下，你要买一辆新的自行车。

最大化者会花很多时间为决策做研究，评估尽可能多的选择。他们想要选择最符合自己要求的一辆，发掘出每一个可能性。他们想要100%满意，漠视收益递减规律——投入这么多时间做研究的收益欠佳。轮胎必须是某个品牌，车架的金属和塑料必须是某个比例，刹车把手必须是某个颜色。除了要满足这么多条件，他们还要找到远低于市价的报价。如果最大化者是职业自行车手，经常会参加国际比赛，那还说得过去，但他们只是喜欢在周末运动，偶尔骑骑车而已。

最大化者想要做出完美的决策，这通常是不可能的事情，即使最大化者花了很多时间再三斟酌、反思，觉得终于实现了这个渺茫的目标，他们多半很快又会情不自禁地想象其他结果与更好的选择。

与此相反，满足者的目标只是得到满足，只要找到足以满足自己用途的选择就可以了。他们想要还不错的东西，只要让自己感到满意和愉悦就可以了，但不需要欢欣雀跃、欣喜若狂，基本上只要满足自己的一般用途和需要就可以了。换言之，他们只要找到足够好的，就不会再找下去。自行车有什么大不了的呢？就两个车轮、一个足够结实的车架、一个足够舒适的车座、管用的刹车把手。其余一切都是可以商量的，满足者并不在意。

有人可能会以为我在淡化自行车的复杂性，但并非如此。我想要说的是，这个思维模型认识到所有因素，但还是会主动选择无视大多数因素，因为这些因素并不是必不可少的，因此，对于目标只是满意和足够的人来说，并不需要，这些因素远远超出了满意和足够的程度。

最大化是现代社会中的难题，因为在当今社会，我们比人类历史上任何时候都更可能得到想要的东西，可是这又带来了选择的悖论，令人无法获得满足。在实际问题上，有一些决策是我们应该努力把价值最大化的，可是这种情况非常罕见。

我们很容易为了"以防万一"或"那就太好了"或"大家看了会赞不绝口"的情境而做出决策，经常把时间浪费在不重要也不会变得重要的事情上。

在大多数决策中，我们只要选择一个诚实可靠的选项就足够了。想象一下，你在杂货店里，想要挑选花生酱。你应该订立怎样的目标呢？是满足还是最大化？显而易见，你应该只是选择一种符合你两三项一般参数的花生酱就可以了。无论最棒的花生酱可以为你的生活带来什么额外的好处，都多半不值得你付出额外的努力去寻找。

在选择花生酱时采取最大化策略，其实并没有什么好处，这也适用我们99%的日常决策。不然，我们就会不知所措，把脑力浪费在最大化不重要的事情上，获得的收益大幅递减。

"满意度"的概念在37%法则／秘书问题中有所体现。假设一家公司要聘请一名秘书，有100名应聘者进入了面试环节。在面试完前37名应聘者之后，你就会了解到应聘者的资质范围和是否合适。基本上，余下的人跟前37名应聘者不会有什么差别，出现最大化异常值的可能性极低，或者根本不存在。

这项法则表明，在面试完37%的应聘者之后，你就应该停下来，做出选择，因为你能见的已经见过了，根据你掌握的信息，已经能够选出令人满意和足够资质的人选。当然，这就达到了"满意度"要求。运用这个思维模型，可以帮助你节省时间，缩小范围，找到你真正想要的东西。

要寻求满意度，避免在不知不觉中受到最大化的诱惑——把太多时间花在无关紧要的事情上——一个简单的方法是给自己设定界限。这不是给研究设限，而是给你选择的条件设限。

例如，如果你到店里买一件新夹克，可以设定一个有用的界限：只看某个价位的深蓝色棉质夹克。这样一来，你就根据预设的参数，缩小了范围，在快速排除其他选项的同时，也知道自己最终会获得满足。

设定界限的必然结果在于，在预定时间内无法决定的情况下，事先决定一个默认选择。设定默认选择是很重要的，因为你会自动选择符合你要求或愿望的东西。换言之，无论如何你都会感到满意。

在许多情况下，默认选择是你心目中始终想要的，无论你是怎样走过场，还是没完没了地辩论，最终多半会选择这个。你在心里选择一个"默认选项"，是因为你最终可能也会选择这个。

思维模型5

停留在40%～70%的区间

用于平衡信息和行动。

关于克服犹豫不决的问题，一位著名的喜剧演员曾经说过这样一句睿智的话："我遵循的规则是，如果某个人或某件事获得了70%的认可，就可以付诸行动了，因为只要其他选项立即消失，决策的痛苦随之结束，你的选择就会变成80分。"

这跟美国前国务卿科林·鲍威尔（Colin Powell）就这个问题所说的话有异曲同工之妙。鲍威尔提出了一个思维模型，可以让你不早不晚地做出决策、采取行动。

他表示，每当面临艰难抉择，你在掌握不少于所需信息的40%也不多于所需信息的70%时，就应该做出决策。在这个区间内，你拥有足够的信息可以做出明智的选择，但也不至于面对海量信息只是一味观望，而无法下定决心。这能让你比"掌握更多信息"的人更快地做出决策，而比"更快"的人更明智地做出决策。从某种意义上说，这可谓两全其美。

鲍威尔是怎样得出这个克服犹豫不决的思维模型的呢？他认为，如果信息量少于40%，那么做出决策就过于鲁莽仓促，因为你掌握的信息还不够，很可能会犯下许多错误。你光顾追求速度，而牺牲了其他。

反之，如果你等到信息多于70%后再做出决策（其实你多半并不需要多于70%的信息），就会变得不知所措、行动迟缓和举棋不定。机会在这个过程中稍纵即逝，别人可能已经抢先一步，赶到你前面了。你光顾追求确定，而牺牲了其他。

你实际上犯了一个错误：你在寻求100%的信息和万无一失的计划。许多人苦苦寻找，却不知道这根本是不存在的，只会束缚自己的行动。大多数人会过度分析和研究，由此患上拖延症。因此，他们需要把信息量限定在会让自己不舒服的区间。

但在40%～70%的最佳区间，你掌握的信息已经足够了，你的直觉可以填补空白。

在这个思维模型中，我们可以用任何东西来取代"信息"：阅读量或学习量达到40%～70%，有40%～70%的信心，制订40%～70%的计划，等等。在40%的水平上，你至少已经为迈出第一步做好准备。记住，在你所做决策发挥作用的过程中，你还会获取更多信息、增强信心、增加知识，从而更加明确地做出决策。针对这些并非不可逆的决策，更快速地采取行动往往没有什么弊端。

运用这个思维模型，有意减少获取的信息，甚至过度概括信息——这意味着不去细究选项的细微之处。有意忽视灰色地带，不去用"可是……"或"未必如此……"这样的话把决定合理化或为之辩解。

这样做的目的是只专注于一般性、概括性的信息，以及这些信息对你产生的影响。假设你要决定在哪家餐厅用晚餐，你要怎样考虑这个问题呢？

　　过度概括可选的餐厅，用一个短语为之分类。餐厅A是汉堡店，虽然菜单上有5项不是汉堡，但这并不重要，实事求是地说，这就是一家汉堡店。限制信息流，自然会让你停留在40%～70%的区间，以帮助你更快采取行动。

思维模型6

遗憾最小化框架

用于就决策问题征询未来的你。

在这里，还是杰夫·贝索斯给我们传授了决策的智慧。毕竟他是全世界最富有的人之一，能取得这番成就，自然有压箱法宝。

这就是避免遗憾的思维模型，把遗憾放在决策推演的核心。

有一次，杰夫·贝索斯站在人生的十字路口，他必须对个人问题做出艰难的决定。他提出了一个概念，称之为"遗憾最小化框架"。（贝索斯开玩笑地说："只有书呆子会这样命名。"）

"遗憾最小化框架"的概念相当简单。贝索斯给了自己三个非常简单的思维指令：

1. 想象你自己已经80岁了。

2. 在这个年纪回首今生，你想要尽量减少人生中留下的遗憾。

3. 扪心自问："×年后，我会为采取（或不采取）这一行动感到遗憾吗？"

这个思维模型帮助你排除短期情绪波动的干扰，真正迫使你具备大局观。当你想象自己在80岁回首往事时，就会突然间领悟到什么才是重要的，什么是不重要的。遗憾是一项强大的因素，可能比世上所有的积极情绪更能说明问题。

这个思维模型也会迫使你去思考你实际上想要怎样的未来，而不是你目前前进的方向通往的未来。首先，你必须确定自己的人生目标，然后为此做出决策。

对于贝索斯来说，答案呼之欲出：如果他不积极主动地把握互联网革命的机遇，到80岁时，他会感到遗憾。他会为没有把创办网上书店的想法付诸实践而感到遗憾。他知道自己不会为失败感到遗憾，而绝对会为不去尝试感到遗憾。

当贝索斯面临两难境地时，这样一想，几乎自动做出了决策。他辞去了在对冲基金公司的高薪职位，甚至放弃了年终奖，搬到西雅图，在车库里创办了亚马逊。

贝索斯的思维模型适用于几乎所有大大小小的事业。想一想你总是告诉自己"打算去做"的事，通常可以轻易做到的，可是出于某种缘故，你总是一拖再拖。

你想开一个博客，但觉得自己的写作能力还不够强；你想跑波士顿马拉松（Boston Marathon），但觉得自己的身体素质过不了关；有朋友邀请你去跳伞，但你想一下就吓得要死。可是，你认为自己没有能力或勇气，并不是重点所在。你可以在这些问题上跟自己谈判。你只要简单地问一下自己："×年后，我会为采取（或不采取）这一行动感到遗憾吗？"就会十分清楚自己应该做些什么了。

让我们贴近贝索斯，举另外一个例子。

想象一下，你萌生了一个想法，想要帮助在偏远的第三世界国家兴建医疗设施。这件事会产生重大影响，对你有吸引力，可是你要离家一年，生活在语言文化不通、与当地人沟通困难的地方，你为此感到焦虑。所有这些因素都跟遗憾没有关系——你日后会为没有把握这个机会感到遗憾吗？所有迹象都表明，答案是肯定的。这意味着这件事对你想要怎样看待自己是很重要的，十有八九值得去做。

本章要点

· 思维模型是蓝图，我们可以在不同背景下加以运用，以便理解这个世界，正确诠释信息，了解事情发生的背景。思维模型给予我们可预测的结果。食谱是最基本形式的思维模型，每一种食材都有其作用、时间和位置。然而，食谱并不适用于食品以外的领域。因此，我们想要学习广泛的思维模型（查理·芒格称之为思维模型框架），为各种情况做好准备。我们无法为每一种情况都学习一个思维模型，但可以找到广泛适用的思维模型。在本章中，我们先来介绍帮助我们更快做出更明智决策的思维模型。

· 思维模型1：关注"重要"任务，忽略"紧急"任务。这两类任务是截然不同的，但我们经常会混为一谈。重要任务是即使不会马上取得成果或者期限没有那么紧迫，但真正至关重要的事情。紧急任务只是指理想的回应速度。运用艾森豪威尔矩阵，就可以轻松分清事情的轻重缓急，忽略紧急任务（除非正好也是重要任务）。

- 思维模型2：设想出所有多米诺骨牌。我们是短视的物种，只会去想最直接的影响，通常也只会去想对自己产生的影响。我们需要调动二阶思维，设想出所有可能倒下的多米诺骨牌。不然，我们就不可能做出明智的决策。

- 思维模型3：做出可逆的决策。大多数决策都是可逆的，但有些决策是不可逆的。但我们若是假设所有决策都是不可逆的，就会犹豫不决，这对我们是没有任何好处。为可逆决策形成行动偏向，因为你也不会有什么损失，只会获取更多信息，加快速度。

- 思维模型4：寻求"满意度"（Satisfiction）。"满意度"是满意（satisfy）和足够（suffice）两个词的合成，旨在做出足够好、充分、能实现目的的决策。与之形成鲜明对比的是为了"以防万一"或"那就太好了"下额外的工夫，把决策最大化。最大化者追求做出完美的选择，而完美的选择是不存在的，所以他们通常只会苦苦等待。

- 思维模型5：停留在40%～70%的区间，这是科林·鲍威尔提出的法则。你在掌握不少于所需信息的40%也不多于所需信息的70%时，就应该做出决策。如果信息量少于40%，你只是猜测；如果等到信息量多于70%后再做出决策，你只是在浪费时间。你可以用任何东西来取代信息，就会意识到这个思维模型可以鼓励你快速做出明智的决策。

　　• 思维模型6：遗憾最小化框架。杰夫·贝索斯提出了"遗憾最小化框架"。在这个框架里，决策者要想象自己80岁了，问自己×年后，我会为采取（或不采取）这一行动感到遗憾。这会简化决策，集中考虑一个指标：遗憾。

第二章
如何更清晰地看待问题

一般来说，望远镜是很有用的，可以让我们聚焦远处原本模糊不清的色彩，看清和发现一个完全陌生的世界：鸟儿是怎样在森林树冠上生活，松鼠是怎样巧妙地采集更多橡果，或者太阳系中某些星球有怎样的气体结构。

然而，我们在使用望远镜时，完全无法看见近处触手可及的事物。使用望远镜，并不能让我们既看到整个森林（全局），又看清树木（局部）。

一般来说，想要既纵观全局，又要细致入微，实在难如登天。人的大脑倾向于贸然下结论，自动填补空白，你必须奋力抗衡这种倾向，还要应对这样一个事实：当你把注意力集中在一个地方，不可避免地就会忽略另一个地方。即使全神贯注，我们的所见所闻也未必全盘反映了真实发生的事件。

有时候，我们得不到完整的信息——在事件背后，总有什么是我们看不见、听不到的。有时候，我们依赖别人讲的故事，而别人对某件事做出自己的解读时，可能别有用心。我们本身也有内在的偏见和信念，可能戴着有色眼镜看待事物，从而做出不准确或错误的判断。

人与生俱来的思考方式和观察方式并不客观。明白这一点之后，我们才能更好地采取行动，防止自己带着偏见看待问题。本章讲述了如何准确地看待世界，要日复一日地做到这一点，就连最明察秋毫的人也会遇到困难。这些思维模型可以帮助你在日常生活中排除干扰和虚假现实，尽量接近核心真相。

这种方法在很多时候会派上用场，或许比你想象中更多。例如，常言道，假如你想搬到一个新的地方，你应该在一年四季都去那里待一下，至少在盛夏和寒冬这两个季节去感受一下。如果你只是在那里连续待了5天，就以此做出判断和决定，那并非明智之举，因为这5天可能是过去10年里天气最好的时候。

对于任何特定的情况或对象，无论看起来是多么固定或恒久不变，总是可能随着周围环境或事件而改变。如果你只在夏天到过芝加哥，或许会觉得那里是一个炎热潮湿的地方，这倒也没错——不过仅限于夏天。但领教过芝加哥暴雪的人会告诉你，芝加哥冬天的天气截然不同。芝加哥总会有几天天气温和宜人的日子，但如果你期望全年都是如此，就会大失所望。

"少即是多"这个说法，在信息方面并不适用。我们面对众多的事实，很容易会感觉到不胜负荷，不知所措，更不用说别人对所有事实的诠释和解读。但尽量搜集更多的情报和知识，确实是无可取代的。

抱着这种心态，你应该尽量搜集某个情况或主题在不同背景、环境和状况下的更多信息。掌握更多信息，可以避免妄下判断，盲目假设，做出不准确的预测——如此一来，你才能做出更好的决策。

为了更广泛、更全面地看待所有问题，我们把整体思维模型分为三个具体模板。

思维模型7

忽略"黑天鹅"

用于理解异常值不应该改变你的想法。

在18世纪之前，西方国家（当时基本上指的是欧洲）的人相信，所有天鹅都是白色的。他们给出的理由很简单：除了白天鹅之外，他们从未见过其他颜色的天鹅。由于从未见过其他色调或颜色的天鹅，他们没理由相信世上有其他颜色的天鹅，他们想也没想过这一点。

但到了1697年，荷兰探险家威廉·德·弗拉明（Willem de Vlamingh）远赴澳大利亚。由于在1606年欧洲人才第一次登上这片土地，这里相对来说还不为人知。弗拉明及其探险队队员沿着当今西澳大利亚州首府珀斯（Perth）附近的河流①探险时，看见

---

① 现称"天鹅河"（Swan River）。

了欧洲人从未见过的景象：黑天鹅，许多黑天鹅。他们的发现轰动一时，改写了欧洲人基于所有天鹅都是白色的原则形成的关于动物学信念体系的多项信条。

告别人们多个世纪以来假定的知识，毋庸置疑的证据证实其实是谬误。那么，如果天鹅如同彩虹一般，可能是五颜六色的，那会怎么样？那对人类来说意味着什么？发现黑天鹅有什么深远意义？

统计学家纳西姆·尼古拉斯·塔勒布（Nassim Nicholas Taleb）提出了"黑天鹅"理论。塔勒布以黑天鹅为隐喻，描述了令人的认知、视角和理解发生巨大变化的不可预测的事件。然而，在他的定义中，黑天鹅事件是不应该改变认知或公认的知识的，因为这只是异常值而已，只是令人意识到可能性的存在，但大多数黑天鹅事件都不值得在日常生活中纳入考虑。或许这只是意味着天鹅有白色的，也有黑色的，我们不需要抛弃动物学的信念体系。

举一个简单的例子，我们得知闪电击中了附近一棵树，可能会感到害怕，想要给房子装上避雷针。但这样的一次性事件是否应该影响到你的生活方式，让你每逢下雨都躲在屋内，随时随地拿着一个金属屏蔽罩，或者搬到像沙漠一样干旱无雨的地方呢？这是否意味着我们都应该像流浪汉一样，在地下生活呢？答案是否定的，这件事不应该产生这样的影响。

在全球范围内，柏林墙倒塌、公众人物遇刺、"9·11"事件等可以称为黑天鹅事件。对于个人来说，黑天鹅事件可能包括工厂突然倒闭、当地公司被大型企业集团收购、父母离异、遭遇入屋盗窃，总之会干扰和扰乱我们的安排。这些异常值肯定会影响我们，但我们实际上应该在多大程度上将其纳入考虑呢？

尽管黑天鹅事件或许惊人、戏剧化和具有灾难性，但我们可能高估了这些事件对信念体系或世界观的整体影响。由于人性如此，我们甚至还可能事后给黑天鹅事件找理由和借口，"哎，其实真正想想，原本早有征兆，我们早该预见到的。"这样的观点往往会改写我们的理解和信念体系。

这就是问题所在，因为无论黑天鹅事件的破坏性有多大，多么令人望而生畏，这仍然是无规律或反常的事件。黑天鹅事件不是"常态"。我们一生中最多只会遇到一两次黑天鹅事件。但由于这些事件令人震惊，有时候还会引起灾难，这可能会改变、扭曲或推翻一个人的知识、信念和世界观。黑天鹅事件可能具有排山倒海的威力，但是否真的有我们认为的那么重要呢？

塔勒布认为，黑天鹅事件具有三大特性。

具有意外性。发生的事必须是完全不可预测的。观察者不可能提前预见到。

产生重大影响。黑天鹅事件一定会带来灾难性或巨大的后果，无论是对实体、结构，还是情绪方面的影响。

人们在事后为它的发生编造理由。在黑天鹅事件首次发生后，受影响的人可能会寻找"错过的蛛丝马迹"，或者事后诸葛亮，解释说人们本来应该可以预见到事件的发生。

第三个特征就是我们遇到的麻烦所在。黑天鹅事件可能会产生全方位严重性的影响，迫使人们的信念或个人认知发生重大变化。但黑天鹅事件始终是异常值，尤其是随机发生、无从解释的意外事件。如果我们过于看重黑天鹅事件，据此做出全面的改变，这在本质上是非常荒谬的做法。

这个思维模型帮助我们放眼黑天鹅事件的严重性之外，拉远镜头，纵观全局。不要由于可能再度遭遇闪电而搬到沙漠居住。一味迎合黑天鹅事件，只会损害你的信念体系，造成重大机会成本损失。

当你在商界或个人生活中遇到挫折，给自己一点空间，想一下这是否是黑天鹅事件——虽然重要，但并不能提供多少信息，也不能说明问题。不要围绕发生黑天鹅事件的可能性制订整个策略，除非你任职于美国联邦应急管理署（FEMA），否则，灾难不会是你日常生活中的一部分。

让自己想一下最坏的情况，但还是要回到现实。这件事再次发生的可能性有多大？在多大程度上只是异常值？合理地说，我们有什么办法吗？如果这必然会不时发生，我们应该为此改变自己的做法吗？如果我们10年里会遇到几次闪电，是否值得为此升级改造你的整个运营设施和房子？换言之，你是否应该因为听到朋友出了车祸，就不再开车呢？

你在做明智的规划时，应该了解风险因素，但必须是准确地了解。生活充满了风险——我们每天过马路就是在承担风险，但生活还是要继续。你不应该活在对黑天鹅事件的恐惧之中，而是要花一点时间考虑这些事件可能会怎样发生，到时你需要怎样做。

如果我们拉远对黑天鹅事件的镜头，就会意识到，我们其实是企图从随机序列中的事件中找到可预测的规律，这称为"赌徒谬误"。赌徒谬误是指赌徒扔骰子时，认定肯定最终会扔出7点的，因为有一阵子没扔出过了，或者是时候了，类似的情绪。

其实，这种想法违背了统计学或概率的原理，你在企图为无法控制的事情创造规则。赌徒谬误是以为由于X发生了，Y就应该发生，X不应该发生，或者X应该再次发生。很多时候，这些事件都是彼此独立的，认识到这一点，应该能帮助你减少决策的偏误。

赌徒谬误代表了一种普遍的现象，称为"错觉联想"（apophenia），是指人类倾向于从随机数据点中看到规律和关联，即使是太少的数据点。正因如此，人们会从云朵中看到兔子的形状，在墨迹测验中描绘出场景。

思维模型8

寻找均衡点

用于在数据中找到真正的规律，避免受到误导。

上文中一年四季到访一座城市的例子，或者说纵观全局，就讲到这个一般思维模型的第二块：收益递减。

这个经济学原则描述了一种现象，即加大资源投入未必会导致你想要的结果相应增加。简言之，这意味着你吃第一个面包圈时，可能会乐不可支，但当吃到第十个面包圈时，感受到的喜悦会大幅减少，投入和产出之间并非呈线性关系。

我们付出努力所带来的收益会减少。这里有一个自然的衰变率，我们投入越多资源，新增的产出就越少，有时候甚至是逆关系（投入资源越多，产出越少）。

我们经常犯的错误是以为投入总会带来相应的产出，据此来做出假设、预测、预估或获取一般信息。即使我们取得了开门红，那也是误导性的，我们必须拥有更长远的眼光，等待均衡点，因为这才是我们应该得出结论的依据。虽然收益递减未必有可预测的比率，但是收益递减的存在本身是可预测的。如果你没有考虑到这一点，那就是目光短浅，往往会看不清事实真相。

如果你在学一门新乐器，一开始会突飞猛进，因为这是全新的技能。从不会弹钢琴到学会弹奏《一闪一闪小星星》（*Twinkle Twinkle Little Star*）是简单的，进步速度也是神速的。然而，学到一定阶段后，进步速度会快速减慢，你必须投入更多努力，才能继续取得进步。等到你必须不断应对困难，你的表现会如何呢？这就是你真正进步速度的均衡点。

收益递减规律表明，我们应该寻找均衡点，以此准确评估和了解信息。就像黑天鹅事件，你不能根据异常值或歪曲的信息来做出判断。

但均衡点也适用于决定我们为了实现某个结果，应该投入多少努力。

很多时候，我们在决定加大工作投入时，通常会顾不上其他方面。如果每分钟阅读900个单词，你对内容的掌握和理解就会削弱，这远比阅读这个任务更加重要。如果你学钢琴的强度太大，就会产生倦怠，感到厌烦。如果连续学习9小时，你多半没记住多少内容。不了解收益递减规律，通常会对你造成损害。

所以说，这个思维模型有两方面的用途：首先，更准确地分析关于其他人的信息；第二，了解你自己的均衡点在哪里，你何时应该反思一下，把自己投入的精力和取得的成果相比较。

这并不代表你做的全是无用功——通常来说，如果你不努力，就不会取得任何成果。但同样，持续加大努力并不代表你获得的收益会相应增加，与投入的努力成正比。

要找到答案，我们必须回到《鹅妈妈童谣》（*Mother Goose*），就像《金发女孩和三只熊》（*Goldilocks and Three Bears*）故事中的金发女孩一样，找到"满意区"。

万一你忘了这个故事，我们在这里重温一下。在这个寓言里，当棕熊一家三口出门不在家时，金发女孩来到棕熊家，尝了它们的食物，坐了它们的椅子。她觉得熊爸爸的椅子"硬邦邦的"，熊妈妈的椅子"太软了"，熊宝宝的椅子"不硬不软，刚刚好"。金发女孩挑挑拣拣的品尝大号、中号、小号碗里的食物是烫还是凉。

撇开金发女孩大大咧咧地闯进野生动物的家有多淘气不说，这个故事的寓意在于，在一定的满意区里，你的投入和努力与满意度或成果之比是可以接受的。如果耗费了太多资源和精力，你会离开满意区——成果太少。如果投入太少，你也会离开满意区——成果太少。如果对成果的期望过高或过低，那么你也会离开满意区。

要看清楚这个世界，你必须弄清楚因果关系。

思维模型9

等待均值回归

用于在数据中找到真正的规律，避免受到误导。

在讨论黑天鹅事件时说过，我们有时会误以为必须为了防范极端或异常事件制订计划，但很多时候，黑天鹅事件只是异常值，并不能代表情况是怎样的。即使发生了一件大事，扰乱了我们周遭的环境，我们也不应该自动自发地假设这就是"新现实"。很多时候，黑天鹅事件不会（至少不应该）令你的日常体验或信念发生彻头彻尾的改变。

与之相关的是"均值回归"的概念。如果你跟我一样，数学并非你的第二天性，在这里解释一下，"均值"基本上类似"平均数"：是一个中点，代表着常态，是一个代表性数值。在我们的定义中，均值意味着特定情境中通常或最常见的状态。

例如，想一下一家人在一周一起吃饭的情况。这家人每周大概至少有5天是在家吃饭的。在周末或特殊的日子，这家人可能会到餐厅吃饭，省下做饭的工夫，但要花更多的钱，但这是异常值。他们通常会在家吃饭，这是均值。

或许有一周，他们去一家非常高档的餐厅。或许他们游轮度假一周，每顿都在海上豪华游轮上用餐。但他们不可能每天都这样，最终还是会回到在家吃饭，过平平淡淡的日子。这就是他们的常态——均值——在某个时候，他们会回归和过回原来的生活。

再举一个常见的例子：一对恋人刚开始在一起时，会对对方痴迷不已，对这段关系充满乐观，这称为"蜜月期"，充满了刚坠入爱河的甜蜜。但不要以为这样的爱意和痴迷能够真正代表这段关系。双方的爱意很快会回归到可持续的正常状态——这才是可以预期的真正的爱。这时你才知道，这段关系是否只是荷尔蒙分泌的产物。

如果你是篮球运动员，长期以来的投篮命中率是40%，这就是你的均值。如果你最近一场球的投篮命中率是50%，这并不代表你的球技突飞猛进了，因为你最终还是会回归均值。看似规律的异常值或偏差可能会误导我们。

均值回归会出现在生活的方方面面。如果你开始约会新人，就会把公寓打扫干净，保持一丝不苟的卫生状况，但这并不代表你真正改变了自己的行为。双方关系发展下去，彼此之间更加熟悉后，你的清洁和卫生程度会回归均值。如果最初的改变没有根据，那么终究会回归正常。

均值回归最早由英国统计学家弗朗西斯·高尔顿爵士（Sir Francis Galton）提出，一个较为科学的解释是，在受不同状况或变量（例如环境、情绪和纯属运气）影响的一连串事件中，异常事件之后通常跟随着较为普通、典型的事件。因此，反常、异常或非典型的事件发生后，多半不会有规律地再度发生，更有可能回归的模式是"常态"。

这个思维模型表明，你应该静观其变。如果有极端事件发生，等着看一下恢复情况。如果有意外或不可预测的事件发生，等着看一下后果。如果出现了一阵风潮，等着看一下这阵风潮过去以后会发生什么事（例如，喇叭裤似乎每隔二三十年就流行一次）。

记住，如果改变或极端事件缺乏实际根据，均值总会像阿诺·施瓦辛格（Arnold Schwarzenegger）在《终结者》（*Terminator*）中那样来一句，"我会回来的！"

观察整个周期的变化，评估在这期间遇到的所有信息。不要因为发生了异常的大事，就突然调整或改变计划。保持耐心，等待事件回归正常状态，届时你才能更好地掌握发生了什么变化。从统计学上来说，多半不会发生多少改变。

一年四季到访一座城市或许是困难、耗时和乏味的做法，但这三个思维模型只是帮助你开始妥善搜集信息，避免被诱人却又不正确的看法左右。我们的想法经常是情绪化和不切实际的，而黑天鹅事件、均衡点和均值回归这三个模型都会遮盖这样的想法。

要纵观全局，一大关键在于明白事物之间何时是有关联性或相关性的，何时是毫无关联或毫不相关的。我们倾向在明明不存在因果关系的情况下，编造出因果关系。

这在心理学上有明确的原因，不确定性令人生畏。至少在某些时候，我们希望知道在不久和遥远的未来会发生什么事。若是缺乏确凿的证据或数据支持，我们就会运用直觉、预感或第六感。

有时候，第六感是准确的，可以省去许多麻烦。但很多时候，第六感并非真实信息，往往会浪费我们的分析资源。就连那些最终证明准确的预感，也更像是一座停摆的钟，每天也有两次是准的，每个人都有侥幸猜中的时候。

如果我们有这个倾向，那倒不如确保直觉尽可能准确清晰好了。虽然没有什么万无一失的方法可以准确预测未来发生的一切，但我们可以运用几个思维模型，确定某些事情发生的可能性——或者更有用的是，无论出现什么结果，都能够未雨绸缪。这些思维模型不能让我们预测未来，可是能鼓励我们分析一连串事件的整个发展过程，在日常生活中运用概率思维。

这些模型依赖的是客观和逻辑，而不是主观情绪和直觉，能帮助我们了解自己对若干情况和相关事件的分析什么时候是准确的，什么时候是我们把毫不相关的事件联想和联系到一起了。这些模型的目标是更准确和务实地进行评估，为未来做好规划。

思维模型10

贝叶斯会怎样做

用于根据实际事件计算概率，预测未来。

现在，我们走出了辛辛苦苦地根据不充分信息做出预测的阴影。下一个思维模型关系到我们实际上应该怎样得出结论。

尽管我们预测未来的能力糟糕透顶，但我们还是会去尝试。有时候，我们渴望就未来会发生什么事寻求保证，依赖媒体上的"专家"意见，这些专家无畏地上电视和电台节目，发表对明天、下周或明年会发生什么事的"专业"看法。只要有一点信息，就肯定有人会据此做出错误预测。

问题在于，这些专家预测未来的能力并不比我们强多少。想一下在过去25年里发生的所有重大意外事件——最重大的那些多半是没有人预料到的，尤其是那些屏幕上靠预测谋生的分析师没有预料到的。他们的作用只是提高收视率，让人暂时对未来至少比较安心。

但无论如何，他们的预测通常是错误的。努力了解不久的将来会发生什么事，成了凭空猜测，而不是真诚地努力预测。

这个思维模型所支持的一点，正是这些专家很少会纳入考虑的。

这正是我们作为有意识的人所面临的一大问题。有时候，我们难以滤除噪声从而专注于更能揭示若干情形（包括未来）真相的客观信号。

事实上，纳特·西尔弗（Nate Silver）可能是世界上最著名的统计学家，在2012年出版了著作《信号与噪声》（*The Signal and the Noise*），西尔弗的书讲述了为什么媒体上那么多专家（有时也包括他自己）都做出了错误的预测。西尔弗表示，一个最常见的问题在于，他们一直未能区分真正需要观察的重要因素，以及干扰客观分析、无关紧要的噪声。

当然，没有久经验证的模型可以为预测未来提供万能的公式，可是西尔弗提及一个定理，至少能让人更明晰我们碰到的事件，更加理解我们的世界——这或许能让人更加明智，更能够应对现实，乃至提高预测成功率。

这个模板称为贝叶斯定理（Bayes' Theorem），以18世纪数学家托马斯·贝叶斯（Thomas Bayes）命名。《不列颠百科全书》把贝叶斯定理界定为依照相关证据（也称为"条件概率"或"逆概率"）而修正预测的方法。

抛开术语，这个公式用于预测如果其他重大事件发生了，可能会发生什么事。贝叶斯定理谈的是概率，因为当然没有什么是肯定或不可避免的。但这有助于谷歌和IBM这样的公司试验概率，提出想法，也能够帮助体育博彩投注者和预测科学（例如气候科学）界人士。简言之，如果事件A发生了，而事件A与事件B相关，那么你就可以推出事件B发生的实际概率。

实际上，贝叶斯定理是有一个公式的，我不是想让你去解答数学问题，但至少要知道这个公式是什么样子的。

$$P(B/A)=\frac{P(A/B)P(B)}{P(A)}$$

1. P（A/B）是指在B发生的条件下，A发生的概率。A是求解的对象，是你想要预测的事件。

2. P（B/A）是指在A发生的条件下，B发生的概率。

3. P（A）是指A发生的概率，不考虑任何B方面的因素。

4. P（B）是指B发生的概率，不考虑任何A方面的因素。

花一点时间，消化一下这个公式量化的对象，你会得出一个百分比，基本上是根据已经发生和尚未发生的事件衡量概率。举一个例子，会更容易理解。

你只需要三个数字就能够得出某件事在未来发生的大致概率。你需要事件A发生的概率，事件B发生的概率，以及在事件A发生的条件下，事件B发生的概率。龙卷风是罕见的（概率为1%），但大风是相当常见的（10%），90%的龙卷风会导致大风。你想知道如果刮起了大风，发生龙卷风的概率。

公式是这样的：

$$\frac{\text{概率 （龙卷风/大风）}}{P（龙卷风）\times P（大风/龙卷风）} = \frac{\text{概率（龙卷风/大风）}}{1\%\times 90\%}$$

$$\frac{}{P（大风）} \qquad \frac{}{10\%}$$

$$= \text{概率（龙卷风/大风）}$$

$$= 9\%$$

由此得出，在刮起大风时，发生龙卷风的概率是9%。可以看到，你只需要把3个数据填入贝叶斯公式就可以了，得出的结果比任何专家告诉你的预测都准确。

无论是无关紧要的小事还是足以改变一生的大事，很多都适用于这个公式。贝叶斯公式是一个强大的工具，因为这个公式实际上让我们单凭少数的变量，就可以量化不确定性和确定性。这个公式模拟了我们通常只会事后进行的现实生活分析，所提供的信息有助我们理解现实。毕竟，数据不会说谎。这个公式让我们可以滤除假装有影响力的噪声，专注于真实而又重要的方面。

所以，你要进一步想清楚一个问题的时候，就可以运用这个思维模型，问一下自己"贝叶斯会怎样做"。他会停止做出假设，专注现实生活中真正发生的事件，得出一个概率，借此进行评估，做出决策。贝叶斯思维方式本质上决定了你必须根据新的信息，不断地更新概率，虽然一切都是不确定的，但比你想象的更加确定。

思维模型11

借鉴达尔文

用于寻求某个情况中真实、诚实的真相。

要看清楚真相，也意味着要看清楚正反两面。为此，我要介绍大名鼎鼎的查尔斯·达尔文（Charles Darwin）提出的一个思维模型。

达尔文是知名博物学家，他提出的进化论和物种起源理论对科学研究产生了广泛的影响。可是，据说他并不是天才。他并不是特别擅长数学，也缺乏天才常常具备的快速思考能力。查理·芒格曾经说过，他觉得如果达尔文在1986年上哈佛大学（Harvard），他毕业时大概会是中等生。

生物学家爱德华·威尔逊（E.O. Wilson）估计，达尔文的智商（IQ）大约是130——高是高，但还没有达到140的"天才"

级别。他显然是非常聪明的，但我想要说的是，他之所以能够取得举世瞩目的成就，靠的是智商以外的才能。

达尔文孜孜不倦地学习。

凡是感兴趣的主题，他都会如饥似渴地吸收信息。他会积累事实资料，超级勤勉地做笔记。他长时间保持注意力的能力是出了名的，保持不知疲倦的工作态度。达尔文对细节的注重可谓精益求精，因此会为此有意放慢思考速度。他相信，要成为某个主题的权威，就需要深入掌握专业知识，而专业知识不是一夜就能掌握的（一个月、一年也不行）。

他有一个与众不同的地方值得我们借鉴，总结为一个思维模型——达尔文的方法是包罗万象的，他甚至会深入关注与自己的理论背道而驰或对自己的理论构成挑战的信息。他在自传中说，这个方法形成了他黄金法则的支柱，我们也总结为这个思维模型。达尔文黄金法则的基本准则是，对待矛盾或相反的想法，不仅要持开放的态度而且要给予最充分的关注。

多年来，我一直遵循着一条黄金法则，每当我看到已成的事实、新的观察结果或想法，如果跟我自己的一般结果相反，我绝对会立即在备忘录中记下来。经验告诉我，比起印证自己观点的事实和想法，我们更容易忘记与自己观点相悖的事实和想法。

达尔文会专心致志地研究与自己的调查发现相悖的证据或解释，因为他知道，人的心智倾向丢掉与自己相左的观点。如果不去尽可能充分地调查研究，他就很可能会忘记，被自己的思维方式误导。达尔文知道，直觉思维可能会带来帮助，但也同样可能妨碍我们发掘真相。他设计的方法正是为了确保自己避免遗漏任何信息。

达尔文以负责任的态度处理一切相互冲突的信息。

他会认真考虑与自己主张相悖的观点，煞费苦心地充分吸收每一种情况、异常值和自己理论的例外情况。他不会过滤掉不支持自己信念的信息，他对确认偏误完全免疫。最重要的是，达尔文在寻找真相的过程中，不想粗心大意——他知道，若是仓促下定结论，只想劝服别人而不去审慎研究，是学术上不诚实的表现。这种做法需要他投入更多时间和精力，但他坚定不移。

当然，达尔文黄金法则涉及学术诚实和"强观点，弱坚持"（strong opinions but held lightly）的格言，以及学术谦虚：不要死守任何立场或理论，只要跟着证据走。

达尔文的独特之处在于，他迫使自己质疑自己的观点，而不是怀有戒心地一味反驳别人的观点。一般人只会质疑别人，而达尔文会不带感情地质疑自己。他会问自己这样的问题：你知道什么？你确定吗？你为什么会确定？要怎样证明？你可能会犯什么错误？这个矛盾的观点是哪里来的？为什么？你可以想象，要不停地对自己提出质疑，需要很强的自律能力。

达尔文意识到，如果你相信别人都是错的，那就会有麻烦了。不幸的是，最简单的解释是，其实你才是错的。

达尔文知道，对待否定自己理论的论点，他必须比提出这些论点的人更透彻理解这些论点。他若是去做推销员，业绩大概会糟透了。这个思维模型绝对不符合大多数人的思维方式，这就是其美妙之处。

与达尔文黄金法则一脉相承的是，你必须愿意考虑问题的正反两面，愿意盲目地跟着证据走，无论它领你到何方。你脑子里很可能事先有一个版本的论述，但必须完全放到另一边。

你可能会找到真正的证据，支持你的观点——很好。但你也会找到或许不想面对的证据，能够有力而又合理地反驳你的立场。即使是无畏地寻求真相的人，看到这样的证据，也可能会感到生气，想要避开或者置之不理。

达尔文会怎样说？这正是你应该跟着走的证据，你要追根究底。这是看似简单的任务——前提是你要抵挡住"跟着证据走"引起的心理不适。

你要以相同的可靠性标准，对待获得的所有证据。所有证据都需要通过相同的嗅探测试，你必须对所有证据持审慎态度，这意味着要更注重高质量信息，而不是大量信息。

整体而言，达尔文的思维模型最注重的是真相。在本书介绍的所有模型之中，这或许是最被人忽视和滥用的一个。

思维模型12

调动系统2思维

用于进行分析性思考，而不是情绪化思考。

帮助你更清晰地思考、避免受到误导的最后一个思维模型，关系到大脑本身的运作方式，其运作方式并不是我们通常想要的。

大脑是生物学的奇迹。但就像我们其他部位一样，它喜欢偷懒，在可能的情况下会选择阻力最小的道路。为此，大脑会给某些进程降格，甚至索性跳过某些进程，以节省精力。这意味着大脑总喜欢走捷径，免得考虑每一个细节。在现实生活中，大脑会敷衍塞责，导致我们每天犯错误。

多年来，人类发展出两种生物思维系统：一种专注速度和节省精力，另一种专注准确和分析。我们必须对这一点保持警觉，尤其是涉及新的信息或概念。大脑宁愿为危险情况节省精力，却浑然不知这实际上会导致思维错误。

丹尼尔·卡尼曼（Daniel Kahneman）教授在开拓性的《思考，快与慢》（*Thinking Fast & Slow*）一书中普及了这个概念。通过一系列的实验，卡尼曼提出了一个模型，解释了大脑用于吸收各种信息并做出反应的两个过程，富有想象力地命名为"系统1思维"和"系统2思维"。

系统1思维是"快"思维，是自动自发、凭直觉的思维方式。我们遇到熟悉的情况，不需要怎么加工处理时，就会采用这种思维方式，例如认出朋友、骑自行车或者做单位数的数学运算。由于是凭直觉的，系统1思维也与情绪化反应相关，例如看见老照片时哭泣或大笑，战斗或逃跑的直觉反应就是系统1思维。

系统1思维的主要方面在于毫不费力，不需要任何分析或考虑，而是使用我们已经体验过无数次的联想框架。系统1思维是一系列的思维捷径，也称为"启发法"，能帮助我们快速解读情况（下文会做更详细的解释）。由于系统1思维并没有耗费什么时间或努力，投入的精力较少，并不会使人筋疲力尽。采用系统1思维，你不需要列出利弊清单就能做出决策。虽然系统1思维更快，但其目标是做得快，而不是做得对。

或许你听过"认知偏差"这个词，这正是系统1思维占上风的结果。

另一方面，系统2思维是"慢"思维。因为其更深思熟虑、分析性更强，我们想要更多地运用这个思维模型。这个模型适用于需要投入更多脑力劳动和心思的情况。系统2思维适用于为可能影响重大的事件做出决策，例如选择大学、买新车或者辞职。

你在做需要投入更多注意力或努力的事情时，也会使用系统2思维，例如在雾茫茫的夜间开车，在嘈杂的房间努力听清别人在说什么，努力回想你几个星期前的对话，或者学习一门复杂而又陌生的学校科目。

系统1思维是流利和凭直觉的，而系统2思维恰恰相反，是深思熟虑的、有意识的、井然有序的。系统1思维就像跳伞者，而系统2思维就像审慎的律师。系统2思维需要时间和劳力来处理新信息，因此，会耗费大脑更多精力，可能令人疲倦或筋疲力尽。你在学习或看书时，可能感到心烦意乱、疲惫不堪，并不是由于你不理解或者感到无聊，而是其生理反应的必然性。

你耗尽了系统2思维的能量，所以我们总是会回到系统1思维的默认模式。这是件很遗憾的事，因为如此一来，我们会容易接受第一印象，没有经过怀疑的思考，更加轻信总地来说是错误的思维方式。系统1思维也会让我们未经考虑后果或影响，就冲动鲁莽行事。总体来说，我们会变得更原始、更笨。

对于你经常遇到或非常熟悉的事物，很好——系统1思维在此有用武之地。如果你具有丰富的经验，系统1思维可以帮助你做出良好的决策。遇到危险或可怕的情况时，系统1思维显然也是有用的，能够促使你立即采取行动，而如果等到分析和认真考虑完毕，你早已小命不保。

系统1思维和系统2思维都有适用的时间和场合，但如果不是遇到生死攸关的危险情况，系统2思维更有利于清晰思考。

我们不能时时刻刻都运用系统2思维，因为这是不切实际的，太耗费时间了。但更重要的是，这会使人筋疲力尽，尤其是你必须不断地强迫自己这样做。事实上，或许这应该是你意识到自己应该不带偏见地清晰思考时首先应该启动的思维模式。深陷于系统1思维会限制你的思路。

本章要点

• 清晰地观察和思考，并不是我们单凭直觉会去做的。人类的本能是生存、愉悦、避免痛苦、食物、性和睡觉，其余一切更高级的追求往往是次要的，至少在我们脑中是如此。因此，确保我们清晰思考的思维模型是至关重要的。别光靠第一印象，多看一眼，这个世界看起来通常会不一样。

• 思维模型7：忽略"黑天鹅"。这个思维模型率先警告我们避免根据有瑕疵、歪曲或不完整的信息而妄下定论的倾向。黑天鹅事件是完全不可预测的事件。若是以此得出结论，就会歪曲所有数据和信念，人们会开始把黑天鹅事件当作新常态。但这些只是异常值，应该置之不理。

• 思维模型8：寻找均衡点。这个思维模型旨在帮助我们留意发展中的趋势。当你刚开始做某一件事时；你是从零到一——进步速度是无限的。接下来，你会从一到二、从二到三，以此类推，进步速度会放慢，收益开始递减。到某个时候，会达到均衡点，真正代表了均值，别犯下不等待均衡点的错误。

· 思维模型9：等待均值回归。这是关于纵观全局、掌握全面信息的最后一个思维模型。没有理由的变化不是真正的变化，只是偏差，因此，这并不代表未来会继续发生的事情。均值回归是等事情尘埃落定，恢复原来的状态——这才能代表现实。

· 思维模型10：贝叶斯会怎样做？有趣的是，前三个思维模型都是关于我们努力得出结论、预测未来的过程中会出什么差错。贝叶斯定理实际上让我们可以根据概率，把已经发生的事件纳入考虑，以此对未来得出结论。你只需要三个元素的大致概率，填入贝叶斯公式，就可以得出比所谓专家更准确的结论，这是基本的概率思维方式。

· 思维模型11：借鉴达尔文。达尔文据说不是天才，但具有一项与众不同的特质：孜孜不倦地寻求真相。为此，他提出了一条黄金法则（也就是这个思维模型）：对与自己相左的论点和意见给予相同的重视和关注。看到与自己相反的观点，他不是怀有戒心，而是对自己的观点持批判性和怀疑的态度。这种彻底的开放心态可以撇开确认偏误和"自我"（ego）。

• 思维模型12：调动系统2思维。丹尼尔·卡尼曼提出我们有两个思维系统：系统1思维和系统2思维。系统1思维专注于思维的速度和效率，而系统2思维专注于思维的准确和深度。系统2思维是明智的，而系统1是愚蠢的。系统1思维带来的坏处比好处更多，但不幸的是，这比较轻松，所以是我们默认的思维模式。了解两者之间的差异，承认系统1思维的存在，然后努力跳到系统2思维。

第三章

如何找到解决方案的思维模型

每个人都会遇到问题。

问题会干扰人们的生活，构成障碍。有时候问题很小，转瞬即逝；有时候问题会使我们捉襟见肘，迫使我们重新评估自己。无论是大是小，我们总要加以应对。我们活到现在，靠的不是回避遇到的一切挑战。随着时间流逝，我们会通过无数次尝试，甚至是"瞎猫碰上死耗子"的心态，试图找到解决方案。

这世上多半有更好的办法。我们想要煎一条鱼，方法有很多，但有时候，鱼煎出来都是一样美味，而有时候，鱼煎出来却难以下咽。事实上，要解决一般的问题，多半有久经验证的有效方法，掌握这些方法，对我们是很有好处的。

本章介绍了一些专门解决问题的思维模型，为你应对各式各样的问题提供解决方案。这些思维模型列出了思考的确切步骤，帮助你集中精力，弄清楚问题引起的混乱局面。为了有效解决问题，我们需要发挥一点创意，找到应对问题的全新方式。并非所有问题都可以套用同样的工具和思维模式，而思维模型提供了如何探寻解决方案的根本准则，所以特别适合解决问题。

这些思维模型是有条理、有系统的，我们或许会觉得太过单调乏味，或者组织不过来。假设你有500片拼图，但每一片都是完全相同的颜色。或许你最终可以完成这幅拼图，可是难度很大，因为你缺乏搭建的框架。大多数人都会从边界、天空或者其他可辨认的标志性图案着手，这些思维模型就像一块模板，教你怎样把拼图拼到一起。

当然，如果你固守死理，肯定解决不了问题。大多数问题还是能够解决的，但我们需要想出更好的办法。

我们首先必须处理的一大问题在于，我们的视角是有限的。

我们全天24小时活在自己的世界里，偶尔会打破这个桎梏，接收其他信息，但一般来说，我们听到最多的是自己的意见。我们打交道的，也大多是跟自己意见相同的人。因此，就像在一个回音室里一样，这都会导致我们觉得自己的意见是正当、正确和重要的。现在，你多半已经可以看出问题所在了吧。

我们需要对内心的声音有一定程度的信任和信心，但这并非是唯一合理的视角，有时也未必正确。前面几个思维模型可以帮助你从自己的脑袋里走出来，观察情况，从而尽可能清晰地看待问题。你可能会意识到，其实解决方案一直就在你眼前，只是你被自己的视角蒙蔽了，不承认它的存在。

除了用于解决问题，这个思维模型还能够迫使你对别人抱有一定程度的同理心，这可以为你的人生提供良好的指引。当从别人的角度看问题，你就会问一下对方为何会有这样的看法，为何在对方看来是合理的，为何说得通。大多数人都不是心存恶念，也不是存心刁难你。同样，每个人都认为是自己故事中的主角

（包括你在内），因此，要了解你为何看起来可能是故事中的反派，是发人深省的，这也是我们不习惯的思维方式。

因此，我们必须多去探索跟自己不一样的观点。

无论一个人对自己的感觉和想法有多么坚定，都没有办法证实自己的观点才是唯一正确的。就连最备受推崇和信赖的世界各国领导人通过智囊团来探讨自己的想法。他们意识到，自己的经验不足以涵盖整个方面。如果不知道其他当事方是怎么想的，他们就只能看到问题的一小部分（或者根本看不到）。

我们在坚守自己观点的同时也必须了解其他人的观点——尤其是与我们敝帚自珍的想法相反或提出最大质疑的观点，无论听起来有多难接受。这一章的思维模型可以帮助你培养和保持兼听则明的心态，做出有效决策，解决问题。

思维模型13

让你的观点接受同行评议

用于了解共识观点和你的观点为何跟大家不一样。

　　许多学科都会进行同行评议，最常见的是学术出版。但无论是专业、科学还是其他方面，几乎都可以看到某种形式的同行评议。顾名思义，同行评议是指由你所在领域的其他人对你的作品进行评价。在你提交作品之前，由你所在研究或专业领域的其他志同道合的同事进行评价，提供反馈意见和建议。其他人往往会严厉批评你的研究成果，找出差错。但实际上，批评的越是严厉，对你就越有帮助。

　　同行评议的目标是防止最终作品出现不准确或遗漏之处，提出另外的观点，让结果变得更清晰、更相关、更确切。评审人员会审议你的前提、方法、分析、结论以及一切相关内容。这个有

109

条理的科学方法是认真检验你的观点、令其变得无懈可击——至少是明智——的最佳方式。

最好的同行评议是巨细无遗的，确保原创者的作品接受尽量严密的审查。评议结束以后，你会了解到自己的劣势、优势以及别人对你的作品一般感受。

或许每天都这样做是不切实际的，但你可以通过几个方法达到这个目的。如果你有一个意见或观点，那么这就是一个数据点。要么再搜集三个观点，要么再搜集两个与自己相左的观点，获取不同而又新颖的角度？

你可以尽量完整地搜集信息、情报和其他观点，以进一步证实或调整你的想法或计划，帮助你在解决问题的过程中做出更明智的决策。找到共识意见以后，你就可以评估自己的意见是否与之一致，如有差异，确定差异何在，为什么会有这样的差异。通常情况下，这会打开新的思路，带来值得探索的全新可能。

这个思维模型有一个具体的应用，称为"三角验证法"。这种方法的其中一个依据是在军事中，要确认某个地点，可以从三个不同的起点画线，形成一个三角形。获得的数据点越多，三角形的边就越多，面积就越小。在这个过程中，你搜集到的数据递增，就能得出正确的范围。

例如，我猜测一家公司每天生产10台小装置，而另一位同事相信同一家公司每天只能生产4台小装置。取我们估计数目的平均值，是一个不错的想法。接下来，我的上司可能估计这家公司每天生产7台小装置，而她的上司又插话，估计是6台。我们慢慢会得出一个范围，是在一定程度上受到所有数据点支撑的。

现在，你可以把同一个流程运用到你的意见、立场和观点中。

你可能会觉得，狐猴是世上最凶猛的动物（我不想提出更具煽动性的观点，你可以自便）。你认识的动物学家可能会说，狐猴虽然凶猛，但只是排第三，次于蜜獾和被逼急了的猎豹。你认识的动物管理员可能会说，狐猴的凶猛程度只能排到第五位，次于河马、海狸、老鹰、猎豹和蜜獾。一位兽医朋友可能会在两者之间，认为狐猴是第四凶猛的动物，次于猎豹、蜜獾、鹅和水牛。

在这个例子中，你会得出什么启示？你知道自己最初的意见多半是错的，也知道了正确答案的范围。

按规定，运用三角验证法处理信息，至少必须搜集和核查两个不同来源的信息，当然越多越好。同行评议形式的三角验证法或许是最好的，但你也可以通过审查其他来源的数据或理论（也就是研究）取得类似效果。

让你的观点和想法接受同行评议和三角验证法，可以增强你的观点的合理性和可靠性，展示出你有足够的信心，愿意让外界对你的解决方案进行仔细审查，你怀着谦逊的心态，愿意聆听其他意见和建设性批评。这会给你所做决策增加许多分量和把握：经过深思熟虑和试验的考验，增加做出明智选择的可能性。

经过这个过程，你会对实际解决方案是怎样的做到心中有数，更轻松快捷地解决问题。

思维模型14

找出自己的缺陷

用于在其他人审视你之前仔细审视自己。

征求其他博学人士的意见，可能会给你带来启发，尤其是当那些意见印证了你的观点是错误的。

我们也可以运用这个思维模型，找出自己的缺陷，达到类似的效果。把自己的观点或意见视为假设，必须经过测试和验证。关键是不要对结果投入感情，也不要怀有戒心或坚持自己是正确的，而是要真诚地寻求真相。

对待一个观点或意见，我们不要力求证实它是正确的，而是要反过来，力求证明它是错误的。

不要把假定的好处往大处想，而是要把好处尽量往小处想，把坏处尽量往大处想（狗比猫或许相对忠诚，可是难伺候，养狗费用很高，有时候狗还会做出暴力行为）。

不要想象一帆风顺的最佳情境，而是要想象灾难性的最坏情境（万一我养了一条暴力的狗，训练不好，它把我家的东西都毁了怎么办）。

问一下自己这个问题：如果你希望自己的观点或意见行不通，最简单的方法是什么（如果我没有给我的狗足够的关注，遛狗时间不够，它发疯地毁了所有东西）?

我知道，这个问题的答案不好回答，但不然你就会犯下确认偏误的错误。确认偏误是泛滥的现象，是指一个人只寻求和听取支持自己成见的信息或证据，如此一来，会导致我们忽视、合理化、否认或完全避开驳倒或质疑自己成见的证据。这未必是"自我"作梗，更多的是想要证明自己是正确的。

归根结底，确认偏误是看到自己想看的，以此来证明自己的观点。事实上，你心目中一开始就有一个结论，浑然不顾截然相反的证据，反过来让这个结论成为你的现实。

最简单的例子是，你想支持一个立场——例如狗是忠诚的。于是，你在谷歌搜索栏输入："狗是很忠诚的。"搜索结果显然会显示狗有多么忠诚。而如果你输入（1）"狗是忠诚的吗？"（2）"狗的忠诚"或（3）"狗是不忠诚的"，你会找到关于狗和忠诚度范围更广的文章。这样的立场并不会产生什么影响，但有时候确认偏误可能是致命的。

"找出自己的缺陷"是与上面的流程相反的正确做法，以前提为起点，只如实地跟着证据走，由此得出结论。大多数人想到承认自己的缺陷，会觉得浑身不得劲，尤其是在其他人面前。但这是自我作梗，而自我对解决问题、清晰思考毫无兴趣，自我总是有令人安慰但有害的动机。

"找出自己的缺陷"的思维模型也适用于另一个重要方面：人际关系，尤其是在你与别人产生冲突的时候。不过，如果你改弦易辙，积极主动地找出自己论点和立场的缺陷，而不是死命为自己辩护，那又会如何呢？

你在争论中要找出自己的缺陷时，应该努力寻找"第三者叙述"。第三者叙述是指客观的旁观者会怎样描述这场冲突，这样的叙述无比客观、不带感情，你听了多半会不高兴，但你也绝对不是无可指责、毫无过错的。

意识到这一点很重要。我们经常会深陷强烈的情绪，忘记了自己的目标，只是一味地辩护。有些人比较容易做到这一点，而有些人会觉得很困难，但承认自己可能犯错了，可以开启更多理解的大门，而不是在自己周围筑起围墙。事实上，认识到自己的观点可能是有瑕疵的，通常是解决问题的第一步，是力量和信心的表现。而顽固地拒绝聆听别人的看法，往往是脆弱或软弱的表现。

从这个意义上说，我们应该认为自己的观点至少有一点差错——就从1%开始好了。在人际关系问题上，基本上没有什么是非黑即白的，你并非永无过失。那么，即使你不想承认，你的论点大概也有1%的错误，错在哪里呢？

如果你充分承认这1%的失误／瑕疵，那么就立即会为你打开视野，让你看到你可能错过的其他事情。从第三者的角度看问题，可以很好地帮助你了解整个问题——因为一旦第三者叙述与你的叙述和你对手的叙述存在重大差异，那么你们想要解决的或许根本不是同一个问题。

思维模型15

相关性不等于因果关系

用于了解要解决一个问题，真正需要处理的方面是什么。

为了了解某些事为何会发生，我们必须寻找诱发因素。合乎逻辑的做法是寻找直接导致这件事发生的过往事件，这就是我们应该花时间解决的问题，但我们可能把所有时间花在了错误的问题上，我们误把相关性当成了因果关系。下面是这个思维模型的一个典型例子。

例如，一幅图里面是两组数据的对比——一个轴是在一段时间内卖出的太阳镜总数，另一个轴是冰淇淋的总销量。你注意到在夏天，这两样物品的销量都增加了，而夏天结束后，这两样物品的销量都倾向减少。

你可能会从这幅图得出一个结论：冰淇淋的销量直接影响到

了太阳镜的销量。人们是由于买了更多冰淇淋，所以才买了更多太阳镜——或者反过来。无论是哪个方向，都好像是一件事导致了另一件事。

为什么会这样呢？是因为有店铺既出售冰淇淋又出售太阳镜吗？是因为买入圣代或冰淇淋会令人马上想入手"雷朋"（Ray-Bans）牌太阳镜吗？是因为太阳镜触动了脸上哪根神经令人口干舌燥才买冰淇淋吗？

这些理论听起来很荒谬吧？因为确实很荒谬。

一看到这个例子，你多半就知道冰淇淋和太阳镜销量的增加是由于夏天的到来。炎炎夏日，热浪逼人，所以人们会更倾向于买入冰淇淋等冻品以及太阳镜等防护眼镜。人们并不是直接因为买了冰淇淋而买太阳镜——而是在夏天热浪来袭时买入这两样物品。这两件事只是同时发生，但这并不代表两者之间存在任何关系。

这是一个相当宽泛的例子，但反映了许多人都会犯下的逻辑错误——有些例子甚至比冰淇淋和太阳镜更加让人不可思议，这个错误是相信既然两件事有类似的规律或相关行为，那么一件事必定是另一件事发生的原因。这个错误是误以为相关性等于因果关系。事实上，这两个概念是风马牛不相及的。

相关性是一个统计学术语，显示两个元素或变量之间有类似的特征或趋势——"冰淇淋和太阳镜的销量都增加了"。相关性仅此而已：两样东西的行为有这样那样的类似之处。相关性并不能描述出两样东西的关系为什么或者怎么会是这样的，不会给出理由。相关性只是说"这两样东西通常在同一时间做同一件事"。

另一方面，因果关系描述的是事情发生的理由——也就是"因果"。因果关系说的是"这样东西改变了，也会导致那样东西改变"。在我们的例子中，实际上导致太阳镜销售额增加的原因是夏天的到来，这也是冰淇淋销量增加的原因。夏天和太阳眼镜之间、夏天和冰淇淋之间存在因果关系，但太阳镜和冰淇淋之间只存在相关性。

若认为冰淇淋销量的增加导致了太阳镜销量的增加，就是犯下了逻辑错误。与之相对的，就是"相关性不等于因果关系"——两件事是类似的，并不代表一件事导致了另一件事的发生，可能有其他相关因素导致这两件事发生。

之所以会走进这样的思维误区，通常是由于缺乏信息，或者更常见的是，我们并未花时间观察应该观察的所有信息。只要感觉到有压力给出明确的答案，我们就很容易妄下定论。为了避免这个谬误，我们应该找到尽可能多的因素：调查、研究趋势，搜集更多数据，理性地做出合理的判断。

在很多情况下，相关性只不过是侥幸或巧合而已，但我们往往会以为两者之间存在因果关系。在评估因果关系时，默认的思维模型应该总是区分相关性和因果关系，除非你绝对肯定，否则不要想当然地假定存在因果关系。

在讨论因果关系时，还有一个问题需要解决。这比小时候大人教我们只要推一下玩具车，玩具车就会前进更加复杂。

随着我们积累更多的生活经验，因果关系变得更加复杂，有更多条件、相关动机和因素会影响到事件，有时候，我们很难找出单一的原因，因为很难说这究竟是单一原因起作用，还是多个原因综合作用的产物。

这个过程涉及放眼事情发生的直接原因（近因）之外，寻找事情发生的更大、更根本原因（根本原因）。近因之于根本原因，正如相关性之于因果关系。解决了前者（近因，相关性），并不能让你摆脱麻烦。

例如，一个叫哈尔的人驾驶证被吊销了。哈尔多次超速驾驶，交通法庭向其发出传票，但他从未到庭应讯。法庭发出哈尔的拘捕令，警察到他家，破门而入，把他关进监狱，他在那里度过了一个漫长的周末。

这时，我们可以问一个问题：哈尔为什么会坐牢？我们可以说是因为警察执行拘捕令，拘捕令上写着，他需要因多次超速驾驶而到庭应讯。这是近因导致他坐牢的基本行动。

但近因并不能解释导致哈尔坐牢的更深层次问题。你可以说，法庭之所以发出拘捕令，是由于哈尔一踩油门就踩到底，需要悠着点。你可以说，哈尔喜欢开快车是根本原因。

但这真的就是根本原因吗？

我们可以没完没了地追究哈尔为什么会这样，每深挖一层，都有更深层次的根本原因。要让他洗心革面，光是叫他别再超速驾驶或许是不管用的。那么，是什么导致了他喜欢开快车呢？或许是他父母从未教他在某些情况下克制自己，放任孩子在家里横冲直撞，把东西弄得乱成一团，这种鲁莽的行为一直跟随他到成年。这才是更深层次的根本原因——有些人称之为"远因"。除非哈尔改变超速驾驶习惯的情绪基础，否则他很有可能会再犯。如果他不以为然，只是责怪警察，那么他就没有吸取经验教训。

一言以蔽之，这就是思维模型的近因／根本原因部分，这是发掘事件真正答案更重要、更深刻的方法。采取高质量的思维方式，意味着不局限于近因（近因通常只是信号的物理序列），而是要了解为事件发生奠定基础的因素、思维、情绪规律或环境因素。

我们可以想象，每一组行动都是有心理动机的。我们要把这个探索计划付诸行动，其中一个方式是"五问法"，也就是对一个问题点连续以5个"为什么"来自问，以追究其更深层次的根本原因。

为什么哈尔会坐牢？因为法庭发出了拘捕令（近因）。

为什么？因为他从未就多次超速驾驶到庭应讯。

为什么？因为他9次超速驾驶，被逮住了。

为什么？因为他有在高速公路上飙车的"需要"或冲动。

为什么？因为他从小就没学好规矩，以为可以为所欲为，不顾后果。

区分近因和根本原因，可以在探索过程中不断深入——而若是只遵循本能，人们一旦发现了直接原因，甚至是看到模糊的相关性之后，就可能不再提问了。更深入发掘，你会更好地了解事件发生的原因，从而更好地处理问题。

思维模型16

从结果反推原因

用于更有效地确定因果关系。

谈到确定原因……

现在，你已经学会了避免混淆相关性和因果关系的思维模型，我们会在上一个思维模型介绍的"五问法"基础上，更深入地探究因果关系。对于那些有艺术细胞的读者来说，到了你大展身手的时候啦。

通过"鱼骨图"，你可以洞悉一个问题或结果的多个潜在原因。能够根据观察到的结果推断原因，是演绎法不可或缺的一部分，尤其是在解决问题方面。同时列出导致一个问题的所有潜在原因，可以为你提供一个蓝图，让你专注于所需的具体因素，最终找出可行的解决方案。

在鱼骨图的结构下，原因是分类列出的，井井有条，你会对整个局面一目了然。你可以更有条理地从结果反推原因，这也是头脑风暴会议的常用工具。最终的产物是从微观和宏观的角度形象地列出导致结果或问题的所有因素。

要制作鱼骨图，首先要在白板或你选择的其他书写面的中右方，写下一句问题陈述或结果。在这句话四周画一个方框，再在页面上以问题方框为终点画一条横线。这个方框是鱼骨的"头"。

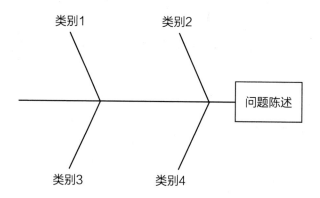

接下来，以横向的"鱼脊"为起点，在鱼脊的上方和下方画出往左上方和左下方倾斜的直线，作为"大骨"，每条大骨之间

相隔一定距离。"大骨"代表着你找出原因的不同类别。你要按照需要处理的问题，想出类别的名称。

每次想到问题的一个潜在原因，就写在分类"大骨"的旁边。在适用情况下，你可以把同一个原因写在多个类别下。然后，对引起问题的每一个原因进一步细化，追问这可能是什么导致的，写在这个原因旁边——以此类推，直到你再也找不出更原始的原因为止。这样一来，你可以发挥演绎推理能力，最终找到问题最基本的原因。

画完鱼骨图之后，仔细研究你列出的原因，考虑相关证据。你找出的原因真正在多大程度上导致了结果？这个原因与问题的关系是正确的吗？是否应该认真看待？养成思考这个问题的习惯："这个原因怎么才算是手头问题的真正和重要因素？"

例如，你是酒店经理，酒店服务的客户满意度评价偏低，你想要了解原因所在。在"鱼头"的方框里写下问题，用"大骨"列出潜在原因的类别（在这个例子中，服务业的4P法）。做完这一步，鱼骨图的初步阶段是这样的：

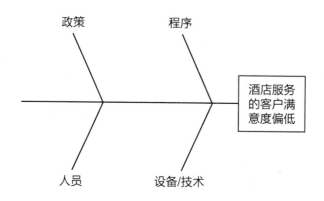

然后，在每个类别中填入可能的原因。例如，你发现可能导致问题发生的原因是（1）处理客户投诉的反应迟缓；（2）酒店员工对客户需求不敏感，从而导致客户对服务不满。

问一下自己，酒店员工为什么会对客户需求不敏感，你可能会发现，他们的工作时间太长了，只顾得上提供最基本的服务，不再有足够的精力更多地注意客户的具体需要。有鉴于此，你的鱼骨图成了这样：

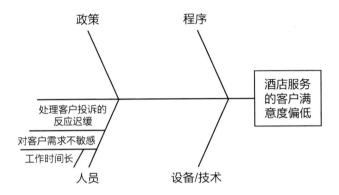

继续问一下自己为什么会出现这个问题,你会找出更多可能的原因,归入特定的类别,这时,你的鱼骨图看起来是这样的:

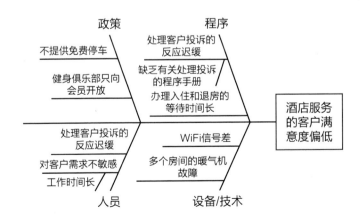

通过系统地从问题反推原因，你可以洞悉情况的具体方面，然后一一解决。鱼骨图这项工具可以帮助你有效地集中精力，解决根本问题——也就是鱼骨上的问题。

这个方法可以很好地引导你的思维从结果反推原因，实质地追踪问题与具体的诱因有何关系。

试着观察一个场景、一个人或其他东西，观察其中10个细节。然后，针对每一个细节，写下5个可能引起这一细节的原因。努力写下各不相同的原因，从十分切合实际到异想天开。这可以训练你学会就每一个细节编造出一个故事，考虑之前发生了什么事，从而锻炼你从结果反推原因的能力。

思维模型17

以"奔驰法"激发创意

用于有条理而又富有创意地以随机组合法解决问题。

有时候，思维模型列表就像是清单似的。

这是一项功能，而不是漏洞。换言之，这是思维模型拟定的作用，否则，一个人会有遗忘或遗漏的倾向。为此，这个思维模型感觉就像清单，因为"奔驰法"（SCAMPER）是一个有条理地找到解决方案的方式。

"奔驰法"由鲍勃·艾伯尔（Bob Eberle）率先提出，旨在于头脑风暴会议中激发创意。"奔驰法"代表了七种方法，能激发人们推敲出新的构想和解决方案：代（substituted, S）、结（combined, C）、应（adapt, A）、改[缩小／扩大（minimize／magnify, M]）、他（Put to other uses, P）、去（eliminate, E）、重

[颠倒（reverse, R）]。这些方法结合起来，代表着只要改良原物，就可以激发出新的创意。

这个思维模型类似于拧开一个水龙头，水流到七条水管，每条水管都灌溉一个花盆的土壤。每个花盆里的种子得到灌溉后都可能发芽。请注意，"奔驰法"不需要你依次采取这些步骤。你可以采取任意的顺序或次序，在不同方法之间跳跃。

此外，"奔驰法"鼓励你遵循"随机组合"原则，这本身就可以独立成为一个思维模型。"随机组合"是指要提出新的解决方案，你应该愿意组合不同的构想、物件或元素——无论这些构想、物件或元素看起来是多么不同、不相关或看似不合逻辑。这是"奔驰法"的一大要素，因为我们在太多时候会先入为主地以为和假设什么是不可能的，因而裹足不前。

"代"。这种方法是指取代产品、流程或服务的若干部分，以解决问题。要实施这种方法，首先要考虑情况或问题有多个元素——多种材料、流程中有多个步骤、流程可能进行的不同时间或地点、产品或服务面向的多个市场，等等。然后，考虑每一个元素可能被取代。

要找到这样的思路，可以考虑这样的问题："可否在不牺牲产品质量的前提下，改用更具有成本效益的材料取代目前使用的材料？""流程的哪个环节可以改用更简单的选项？""我们还可以在哪些地方提供服务？"

例如，你在制作手工艺品零部件，使用某种胶水作为黏合剂。可是，你发现正在使用的胶水很容易干，即便储存得当，还是会结块，造成浪费，增加生产成本。为了解决这个问题，你可以考虑进行头脑风暴，讨论改用另一种黏合剂来取代正在使用的胶水。又例如，你可以考虑使用当地材料来取代进口材料，不仅可以降低成本，还能帮助当地社区。

"结"。这种方法建议你考虑能否结合两种产品、构想或程序的步骤，得出单一的产出或流程，予以改进。结合两种现有的产品，可能开发出一种新的产品。适当地结合两个旧构想，可能得出一个全新的开创性构想。结合流程的两个阶段，可能得出一个更优化、更高效的程序。

促进"结"这种思路的问题包括："我们能否结合两种或更多种元素？""我们能否同时进行两个流程？""我们能否与另一家公司携手合作，增强市场力量？"

例如，结合勺子和叉子，就创造出了叉勺，这种餐具采取节省成本和方便的设计，目前在方便面杯面中常有提供。这可以解决必须生产两种不同餐具的问题，有效地把生产成本减半。

"应"。这种方法旨在进行调整，以作改良，通过改进通常的做事方式来解决问题，调整幅度大小不一。你要设法调整原物——无论是产品、流程还是做事方式——以解决目前的问题，更好地满足你的需要。

例如，如果你注意到自己的精力不如以前，或许就要考虑调整饮食，例如减少进食空有热量的加工食品。在商界，这种方法常用于头脑风暴会议，以改进产品、服务或生产流程。

符合这一说明的问题包括："我们怎样才能调整现有流程，节省更多时间？""我们怎样才能改进现有产品，增加销量？""我们怎样才能调整现有流程，改善成本效率？"

举一个调整产品的例子：开发嵌入减震或防震材料的手机壳，这种巧妙的改良设计显然是为了应对手机意外掉落、损坏脆弱零部件的常见问题。同样，防水手机壳、手表等都是调整产品、以作改良的例子。

"改"（扩大／缩小）。这种方法涉及扩大或缩小一个元素，以触发新构想和解决方案。"扩大"关系到增加某物，例如夸大某个问题，更强调某个构想，让产品变得更大或更坚固，或者更频繁地进行某个流程。

另一方面，"缩小"关系到减少某物，例如淡化某个问题，不再强调某个构想，缩小产品的尺寸，或者降低进行某个流程的频率。琢磨扩大或缩小某些元素，必定会让你对问题最重要和最不重要之处产生新的见解，从而帮助你找到有效的解决方案。

使用"扩大"方法的问题包括："你怎样才能夸大这个问题或小题大做？""如果你强调这一功能，结果会是怎样的？""更频繁地进行这个流程会产生影响吗？"至于"缩小"方法，考虑下列问题："若是淡化这个功能，会让结果发生什么变化？""我们怎样才能压缩这个产品？""若是减少采取这个步骤的频率，能否提高效率？"

例如，你负责搬迁到一个更小的办公室，现在，你面对的问题是要把所有物品放到更狭小的空间里。使用"改"（扩大／缩小）的方法解决这个两难境地，你可以问一下自己，你想要加强或淡化办公室的哪些部分。你是更重视接待客户、与客户会晤的空间，还是更重视放置技术设备或储存文件的空间？

琢磨要扩大哪个方面，可以帮助你选定物品在新办公室摆放，最好地满足你的需要和符合你的价值观。至于使用"缩小"方法，考虑你有哪些办公用品可以压缩到一起，从而可以占用更小面积。例如，之前你可能用不同的桌子摆放电脑和打印机，但现在你可能要考虑使用配备打印机支架的紧凑型电脑桌。

"他"。这种方法旨在设法改变现有产品或流程的用途。这可以引入讨论任何物品的各式用途，从原材料、制成品到废弃物不等。基本上这是给旧物找到新用途。

促进这种思路的问题包括"这种产品还有哪些用途？""公司的其他部门可以使用这种材料吗？""我们可以为废弃物找到用途吗？"

考虑怎样以此利用家里的闲置物。例如，角落的旧报纸越堆越高，你要怎样解决这个问题？用于清洁窗玻璃是常用的解决方案，但除此之外，还有什么新用途？思考更不落俗套的用途，可以让旧报纸为你带来更多好处，例如可信赖的鞋子除臭剂，有趣的混凝纸浆手工艺品原材料，等等。

"去"。这种方法是指找出项目或流程的不必要元素，除去这些元素，从而得出更好的结果。这种方法会考虑怎样去除多余的步骤，优化程序；或者在达到相同结果的前提下，节省资源可以用于加强创意和创新。

符合这一说明的问题包括"我们怎样才能在不影响结果的前提下，除去某个步骤？""我们怎样才能把投入的资源减半，又能够开展同样的活动？""如果我们除去这部分，会发生什么事？"

这种方法最有效的应用之一在于解决日常生活中的财务问题。例如，你发现自己的收入足以支付日常开支，但存不下钱应对紧急情况。如果你没有办法增加收入，那么唯一的选择就是削减开支，以便存钱应急。

使用"去"的方法，找出你可以削减的开支——或许是捂住钱包，别去买纵然诱人但其实你并不需要的新包包；或许是为了省钱在家做饭，而不是出外用餐。削减不必要的开支，省下的钱可以成为你的储蓄，以备不时之需。

"重"（颠倒）。这种方法是指调换流程步骤的顺序，以找到解决方案，扩大创新潜力。这种思路也称为"重排"，鼓励我们对调元素的位置或者考虑颠倒流程，以便对情况提出新的想法。

使用"颠倒"方法的问题包括"颠倒流程会怎样改变结果？""如果我们颠倒程序，会发生什么事？""我们可以对调两个步骤吗？"

例如，你答应自己要加强运动锻炼，但难以做到。你在时间表上写下每天下班后要锻炼30分钟。可是下班之后，你总是有更紧急的事情要做，或者已经太累了，不想锻炼，因此，你总是坚持不下来。为了解决这个问题，你可以考虑运用"颠倒"方法。

看一下你能否把运动锻炼的时段与一天里其他事务的时段对调，例如一大早运动锻炼。通过颠倒运动锻炼的时间，你可能更容易坚持，因为你一大早不会因为忙了一天而疲惫不堪或心力交瘁。

要为问题找到解决方案，激发创意思维，"奔驰法"是最简单却又最有效的策略之一。由于你从七个不同的角度探索了一个流程——代、结、应、改、他、去、重——可谓巨细无遗，甚至可以发掘不落俗套的解决方案。你以前有一两种方式看待一个问题，而现在多了七种不同的方法。

思维模型18

回归第一性原理

用于破除成见，找到解决方案。

生于南非的美国著名企业家埃隆·马斯克（Elon Musk）曾问了一个简单的问题：我们怎样才能确定自己不是根据有瑕疵或不完整的信息来解决问题呢？

欢迎来到"第一性原理"思维模型，这个思维模型一层层拨开问题表象，回溯问题的本质——因为唯有如此，你才能真正解决问题。

我们许多思考和分析都是站在别人的成就、发现和假设的基础上的。我们看见别人是怎样做一件事的——造一辆自行车，制作一个蛋糕，写一首歌，成立一家小公司——或多或少复制了他们的做法，只是增加了一些东西予以改良。我们不会想太多，出于各种理由效仿别人，其中一个理由是"向来如此"，何必要重新发明轮子呢？

遵循久经验证的指引或许算不上创新或原创，但却是管用的。但真的管用吗？

"类比推理"是管用的，但容易犯错误，因为你盲目地遵循既定路线，而不去质疑相关假设。想象一下，有人告诉你，一个蛋糕有一定分量的面粉和鸡蛋，而你只是一味效仿这个食谱，而不去质疑这是不是真的。这个食谱或许是世代流传下来的，但之所以这样编纂，或许是因为某位祖奶奶只有这么多的面粉和鸡蛋可以制作蛋糕。或许这样制作出来的蛋糕相当难吃，你若是偏离这份食谱，蛋糕的风味和润泽口感会改进10倍。

我想要说明的是，我们自认为对一个问题或情境的认识，经常是基于一系列的假设。假设未必是正确的。我们假设使用某个比例的面粉和鸡蛋，可以制作出最美味的蛋糕，但这是不是真的呢？或许只是瞎子领瞎子而已。（抱歉，祖奶奶。）

第一性原理思维消灭了跟随的趋势，破除层层假设，回归事物的本质。第一性原理推理去除了假设和惯例的杂质。

这种方法拨开其他人的意见和诠释，回归事物的本质。由此，你可以重新打造出一个解决方案，往往是根据无可挑剔、毋庸置疑的真理，打造出全新方案——因为你不再依赖任何假设了。

因此，要运用第一性原理找到祖奶奶蛋糕的本质，首先要看一下烘焙一个蛋糕实际上需要什么食材，按怎样的比例搭配。唯有如此，你才能重新制作更美味的蛋糕和可能发现需要不同的比例和食材。这听起来好像是挺简单的解决方案，但有时候，我们就是没想到不是所有一切都是板上钉钉的。

马斯克在所做的一切事情中采取第一性原理思维，无论别人怎么说，都坚信没有什么是"不可能"的。诚然，根据现有的假设或许是不可能的，但那不是他的假设。

马斯克想要成立一家私人宇航公司SpaceX，但很快遇到了所有其他私人宇航公司均以失败告终的理由：火箭价格高昂。鉴于SpaceX的业务是要把火箭发射到太空，所以这是巨大的路障。

但他对火箭价格的估计是基于一项假设：他必须从其他公司购买火箭。他运用第一性原理思维，分析以任何方式上外太空的真正成本。他很快发现，火箭价格是虚高的。

于是，马斯克决定不去投入6500万美元购买一枚制成的火箭，而是内包这个流程，购买原材料，自己制造火箭。短短几年内，SpaceX就大大削减了发射火箭的成本——有报告称，减到了他早前估计的10%。

马斯克运用第一性原理思维，把情况分解为最基础的问题，只是问怎样才能上外太空。火箭——这个答案并没有改变。但火箭不一定要由波音公司、洛克希德·马丁公司或其他知名的航空航天制造商生产。从目标出发，他找到了想要打破的内在假设，创造出更高效的解决方案。一开始，你要去想："什么是我们100%确定的真实和经过验证的？好，除此之外的一切，通通抛开。"

他想要解决在洛杉矶和旧金山之间建立快速高效的交通运输方式这个问题时，也是运用了这个思维模型。

这样的解决方案目前的假设数之不尽。最突出的显然是高速铁路系统，类似于韩国和日本的地铁系统。然而，这假设了他全新的交通运输方式需要模仿现有的系统。换一个思路，可否重新发明轮子呢？

他所面对问题的本质在于，他想要一个更安全、更快速和更廉价的方法——这个方法可以符合现有的交通运输系统，也可以与之相悖。在这样的要求下，可以创造出怎样的新系统？Hyperloop超级高铁由此诞生。如果看过图片，你就会发现它更像一个地下过山车，而不像铁路系统。但只要能解决问题，又有什么关系呢？

为了找到第一性原理，马斯克经过简单的三步，抛开假设。举一个例子说明这一点，我们的问题是在缺少食谱所列食材的情况下，重新制作"祖奶奶"蛋糕。

1. 找到和界定现有假设。这些假设看似理所当然、不可改变。祖奶奶蛋糕需要一定比例的面粉和鸡蛋。但真的是如此吗?

2. 分解问题,追溯第一性原理。必须制作出类似于蛋糕的食物。制作蛋糕通常需要X个鸡蛋和Y克面粉,需要加热和容器。

3. 从零开始,打造出新的解决方案。用我们现有的食材无法制作出祖奶奶蛋糕,但我们可以为缺少的所有东西找到充分的替代品。食谱上有什么是可取代的? 真的必须用面粉或鸡蛋吗?

你可以运用这个思维模型,解决任何问题——成立一家公司,学习历史或艺术,甚至是分析情绪或个人问题。例如,你的问题是日程安排太忙了,没空进行充分的运动锻炼以达到减肥的目的。

假设:减肥靠的是运动锻炼,你没有足够的时间,你需要减重多少斤,而你的日程安排太忙了。

第一性原理:减肥主要靠的是饮食;别看那么多电视,你就能抽出时间；在你的日程中每天还是能够抽出几次20分钟的空档；其实你不必减重那么多。

新方法：快速进行简短的运动锻炼；在星期天准备好一周的饭盒，健康饮食。

只要经过第一性原理支持的探究过程，你就可以更清晰地看到某个情况的所有元素、各个组成部分和构成。第一性原理思维并不容易，不然每个人都会这样去做了。

本章要点

• 我们解决问题的大多数方式都会让我们撞上同一面墙，指望这面墙最终会倒下。显而易见，这对我们和这面墙来说都不是最好的选择。要解决问题，更好的方法必然是运用思维模型，遵循有用的公式。毕竟，二次方程或 π 就是这样的——帮助我们解决问题的思维模型。

• 思维模型13：让你的观点接受同行评议。我们之所以未能解决问题，许多时候是由于未能从其他角度看待问题。事实上，我们应该运用三角验证法，不断拿自己的观点与其他人的观点进行对照。闭门造车是行不通的，因为如果你缺乏第一手体验，你就不会真正理解。

• 思维模型14：找出自己的缺陷。这个思维模型旨在帮助你抵抗确认偏误令人安心的诱惑，努力赶在其他人之前仔细审查自己。假设自己是错的，这尤其适用于人际关系。假设自己需要对冲突承担至少1%的责任，你自以为高人一等、绝无差错的幻觉就会破灭，这是社交中的重要因素。

147

• 思维模型15：相关性不等于因果关系。两者是截然不同的。若是牵强附会，硬扯上关系，只会让你找错问题。此外，你必须区分近因和根本原因——根本原因才是我们总要追溯的，为此，我们需要问一系列的问题。

• 思维模型16：从结果反推原因。要找到因果关系，有时候我们只是需要以某种方式更好地思考。鱼骨图可以为你提供直观的辅助，记录原因背后的原因，以此类推。这是从结果反推原因，因为你是从结论出发，通过有时模棱两可的方式进行反推。

• 思维模型17：以"奔驰法"激发创意。"奔驰法"代表了七种方法，能激发人们推敲出新的构想和解决方案：代（substituted, S）、结（combined, C）、应（adapt, A）、改[缩小／扩大（minimize/magnify, M）]、他（Put to other uses, P）、去（eliminate, E）、重[颠倒（reverse, R）]。

• 思维模型18：回归第一性原理。我们努力解决问题时，经常会因循守旧，遵循既定的方法或道路。但这真的是最好的方法吗？第一性原理思维抛开假设，只留下一系列的事实和想要的结果。从此出发，你就可以打造自己的解决方案。

第四章
反向思考思维模型

我们已经探讨的思维模型可帮助你处理若干情况，更好地推理，解决问题，迎难而上地应对生活中棘手的事。其中一些是教导你如何思考的指引，还有一些最终会得出一系列具体行动。

这些思维模型是有用的，但都有一个共同点：旨在实现某个最终目标，设定了我们为之奋斗的目标，无论是等待均值回归，关注"重要"任务、忽略"紧急"任务，还是运用三角验证法改进你的观点和意见。你越接近努力实现的目标，就越接近成功。

这也没什么错，这是我们从小就学会的模板，我们自然会有这样的倾向。想在学校取得好成绩，你要努力拿高分，展示自己在所有功课上都下了工夫。想在游泳赛场上游得最快，你要努力争取最快的时间，掌握最好的技巧。无论目标是什么，你都应该努力接近目标。

但这未必会实现最佳的成果，此外，这未必应该成为我们的优先目标。

有时候（实际上，你会发现经常如此，随处可见），你更应该远离负面的门槛／里程碑，而不是朝着正面的门槛／里程碑迈进，这才是更简单的做法，也更能代表你真正的优先级。

举一个简单的例子，想象一下，你想要提升泳技。你可以记住提升泳技的每个小窍门（长划臂），也可以想一下泳技差劲的人会怎么做，极力避免做出同样的动作（避免短划臂）。你会得到类似的最终结果，由于你专注于消除自己的弱项，所以你才可能做得更好。

我们可以称之为"反向思考思维模型"，因为这些模型还是可以提供指引的蓝图，不过是通过避免不想要的东西，而不是朝着想要的东西前进。正如有些思维模型可以帮助我们实现人生想要的目标，也有一些思维模型是帮助我们避免不想要的东西。要摆脱不想要的东西，跟实现想要的目标一样，都需要下定决心，采取适当的策略。在这两种情况下，你都在尽力成为最好的人。

例如，如果你想要对朋友更好，未必要列出一份怎样才算是对朋友好的清单，而是要列出一份讨厌别人怎么对你的清单，避免做出这样的事。实际上，这或许能产生更好的效果。

你想要提高生产力吗？就未必要问自己怎样才能提高生产力，而是可以问自己，有什么会妨碍你的生产力，目标是避免这些方面。

有时候，只要改变一下视角，我们就可以采取更加行之有效的决策。即使两个人的想法极为相近，能打动他们的东西也未必一样。无论如何，重点在于有什么可以促使你坚持采取行动。

反向思考思维模型这个概念也会指引我们注意通常被人忽略的方面：处理负面因素。

如果你的泳技有99%是很棒的，余下的1%还是会妨碍你。如

153

果有一项负面因素特别突出，那么，即使实现了很多正面的目标，通常也意义不大。很多时候，在生活中，没有负面因素比有正面因素更加重要。随便问一个人，如果他们拥有最昂贵、最奢华的鞋子，可是鞋子十分夹脚，他们每走一步都在流血，那么他们还想穿这样的鞋子吗？我们最薄弱的环节通常妨碍我们前进，阻碍我们实现目标，而通过反向思考思维模型，你可以直面这些薄弱环节。

想一下，金钱是买不到幸福的，可是，消除安全、住房、食物、供给和饥饿问题带来的焦虑感，通常能让人免受痛苦。致力于消除负面因素，设定了最低限度的满足感和成就感，我们通常会订立高远的目标，而其实真正对我们产生影响的并不是这方面。

本章介绍了一些反向思考思维模型，可以让你清晰了解，避免负面因素跟直接追寻目标一样能够带来成功。

思维模型19

避免直接目标

用于清晰了解怎样实现整体目标。

___

继续本章开头的话题，打造反向思考的思维模型，专注避免不想要的东西，同样能够有效地帮助你实现目标。首先要介绍非常清晰的一个思维模型：避免直接目标。跟之前所说的一样，要实现想要的结果，我们不是直接朝着目标前进，而是努力避免负面因素。我们想要的不是直接目标，而是逆向目标，也称为反向目标。

德国数学家卡尔·雅可比（Carl Jacobi）善于利用这种方法，解决复杂的数学问题。遵循"逆转，总是应该逆转"（*man muss immer umkehren*）的策略，雅可比会逆向求解数学问题。他认为，通过先找到什么是不可能的，更容易找到解决方案。

查理·芒格把这种逆向思维方式运用到生活之中，鼓励年轻人不要一味专注怎样取得成功，而是思考一下有什么会妨碍我们取得成功。

他提出一个问题："你想要避免什么？"又给出了一个可能的回答：懒散和不可靠。这些特质会妨碍我们取得成功，正是通过提问人们为什么会失败（而不是为什么会成功），这些障碍无所遁形。通过逆转怎样取得成功的问题，你会发现导致失败的因素，从而避免做出这样的行为，取得进步。换言之，如果你努力避免懒散和不可靠，就能够取得成功。

因此，如果你想要成为更优秀的经理，可以想一下糟糕的经理会怎样做，避免做出这样的行为，而不是去问怎样才能成为更优秀的经理。如果你的商业模式围绕着创新，可以问一下"我们怎样才能限制这家公司的创新潜力？"，然后反其道而行之。如果你想要提升生产力，可以问一下"我做了些什么让自己分心的事情"。一般来说，与其问"我怎样才能解决这个问题"，不如问

"我如何导致这个问题"，然后反其道而行之。

逆转可以帮助你发掘潜在的信念，避免最终不想要的东西。你可能会恍然大悟，其实只要排除某样东西，就能取得成功。

要避免不想要的东西，比得到你想要的东西容易得多。要使用反向目标或逆向目标，最简单的方法是采取两个步骤。无论你想要实现什么目标，这两步几乎都是适用的。

1. 界定失败或不幸福的原因。

2. 极力避免这些东西。

例如，你想要改善一天的生活质量吗？

1. 界定失败或不幸福的原因。例如，有什么会让一天过得不好？有四项因素：睡得不好、交通堵塞、饮食不良、狗很烦人。

2. 极力避免这些东西。你怎样才能解决这些导致不快乐的因素呢？买一张新床或养成新的睡前习惯。设法让通勤变得更加愉快或尽量减少通勤时间，或改变工作时间，完全避免通勤。事先打包好午餐或者学会更健康的煮食。给狗买更多咀嚼玩具，请人遛狗，或者给它找个伴。

进一步浓缩这个反向思考的思维模型，最强大和简单的版本是只要避免犯傻。我们通常会寻求采取明智、聪明的行动，这也是我们从小接受的教育。

这没有错，但有待改进。努力做明智的事可能是非常危险和模棱两可的，这是开放式的任务，但避免犯傻是一目了然的。芒格对犯傻这码事是这样描述的：

通过想方设法坚持不犯傻，而非尽力做出非常明智的举动，我们获得了极其可观的长期优势。俗话说得好"淹死的都是会水的"，这句话必定很有道理。

我主要是通过搜集判断失策的例子，然后设法避免这样的结果发生，从而做出明智的判断。

在人生和商界取得的成功，很多都是来自知道自己想要避免什么东西：早逝、婚姻不幸……只要避免在路口和火车抢道、吸食可卡因等这样的事情。养成良好的思维习惯……避免道德败坏，尤其是当他们同时又是诱人的异性时。

我们想要看一下什么会使得一家企业衰落……我经常觉得，研究企业衰落或许比研究企业成功更加有用。在我的投资公司里，我们努力研究一个人是怎样误入歧途的和做一件事为什么会失败。

保持简单。你可以这样想，反向思考的思维模型利用了人类最明显的冲动之一：避免痛苦和不适。这正是我们产生恐惧和焦虑、忍不住吃垃圾食品的原因。这是我们天生的冲动，是人类几千年来得以生存繁衍的原因。现在，可以善加利用它了！

思维模型20

避免专家思维模式

用于策略性地既看到整个森林（全局），又看清树木（局部）。

我们大多数人都是某个领域的专家，无论是科学或艺术这样宽泛的大科目，还是烹饪、运动锻炼或刺绣这样具体的活动。我们深信自己对这些领域了如指掌，也理应如此。深入了解和精通某个领域，是自信的支柱，这似乎是一件好事。

对于特定的领域，掌握多少知识都不嫌多。事实上，你学习掌握得越多，就很可能觉得自己知道得越少。

但我们对了解和掌握"全局"的信心，是否会让我们偶尔忽略细微之处呢？我们对某个领域的专业知识，是否会让我们错过熟悉领域之外的简单解决方案呢？

俗话说，我们要避免"只见树木，不见森林"，意思是当你专注于细微之处（树木），往往就不再关注或留意全局（森林）。例如，你过于沉迷打游戏机（树木），而忘了你打游戏机的初衷是与爱人共度时光、增进感情（森林）。

当然，反之亦然。你也可能"只见森林，不见树木"，只专注全局，而忽略了细微之处。当我们对某个领域具有专业知识，往往就会陷入这个陷阱，因为我们才看了第一眼，就立即产生了许多反应和想法。如果你是专业音乐家，看到一首乐曲，你未必会关心每个音符的位置、符号系统或出错的升号或降号。你会想到整体旋律、方向、感觉、乐句划分、力度变化及作曲——思考"森林"是专家思维。

正是在这个背景下，这个反向思考的思维模型应运而生：由于专家未必会考虑细微之处，所以（偶尔）要避免专家思维模式。不要像专家一样思考。这是由于称为"戈多夫斯基的失误"（Goldovsky error）的心理现象，只有对某个领域缺乏经验的人，才容易发现这种细小的失误。你积累的专业知识越多，就越难以觉察出这些细小的失误。专家会一扫而过，对基本要素做出假设，因为他们对自己擅长的领域已经驾轻就熟，不会逐字逐句地检查拼写。

钢琴教师保利斯·戈多夫斯基（Boris Goldovsky）发现，约翰内斯·勃拉姆斯（Johannes Brahms）一份广为流传的琴谱有打印错误。更准确地说，这个错误不是他自己发现的，而是他一个刚入门的学生发现的，学生按照错误的打印音符弹奏，弹了一次又一次，由于琴音不协调而大惑不解。

戈多夫斯基纳闷，为什么从作曲家到出版商、钢琴师和其他音乐人，都没有人发现这个失误呢？居然之前完全没有人留意到，这似乎是不可思议的。他最终进行了研究，结果发现，技巧纯熟的音乐人即使知道琴谱有误，也总是忽视这个失误，因为他们会假设在这个位置理应有哪个音符，这个音符理应在整个琴谱中处于什么位置。最终，只有那个刚入门的学生自行发现了这个失误。

专家思维模式是好的，可以帮助我们建立新的联系，促进思想进步，提高整体学习效果。但就我们的目的而言，这确实会造成较大的陷阱，导致我们"只见森林，不见树木"：一扫而过，忽略细微之处、假设和未经验证的联系，光想着事情应该是怎样的而非目前是怎样的。

1995年，电影《勇敢的心》（*Brave heart*）上映，好评如潮，最终荣膺奥斯卡奖最佳影片。《勇敢的心》讲述了13～14世纪苏格兰起义领袖威廉·华莱士（William Wallace）与苏格兰国王不屈不挠斗争的故事。《勇敢的心》运用了大胆创新的技术，却出了电影史上最大的洋相之一。

在电影的一个慢镜头中，庞大的军队骑着马，拿着武器，准备与敌军厮杀。但在屏幕的左下方，有一辆白色汽车。出现这辆车的镜头只闪现了一秒钟，如果你看过《勇敢的心》，你多半不会留意到这辆车。你可以在YouTube上观看这个片段，核实这个说法。

　　毋庸置疑的是，参与制作《勇敢的心》的人——导演、电影摄影师、场记，基本上拍摄现场的每一个人——都往这个项目投入了几个月的时间，多半自始至终念念不忘这部电影。他们必须弄好拍摄场地和服装，必须编排好战争场景，使之看起来激动人心，必须专注历史故事的叙述，等等。更重要的是，他们肯定是专家。但不知何故，参与《勇敢的心》项目的每一个人都忽略了一个事实：在这场中世纪的战争中，居然出现了一辆越野车。

　　这个例子也能说明我们讨论的问题：由于一心专注全局，而完全忽略了细微却又重要之处。

　　要避免专家思维模式，就要把思维分为两个模式：专家模式和新手模式。你已经了解到，针对特定话题，这两种模式往往专注截然不同的方面。要采取专家思维模式，沿用你一贯的做法就可以了。要采取新手思维模式，你必须保持谦卑的心态，不要省略步骤。

　　一位经验丰富的厨师看一份食谱，通常不需要看制作步骤，只要看食材清单就可以了。结合对不同类菜式应该如何制作的认识，他们会立即知道需要怎么做。新手则需要缓慢地查看所有制作步骤。在这个缓慢的过程中，他们会了解到细节，甚至发现专家出于假设会忽略的潜在错误。

是的，如果你对自己的专业领域充满信心，又要翻来覆去地查看每一个细节，可能是讨厌、恼人和令人气馁的事。可是，这也十分有助减少错误，甚至是重大灾难。

思维模型21

避免非天才区

用于决定你必须把资源和时间集中投入哪个领域。

这里典型的思维模型是停留在你的天才区。因此，这个反向思考的思维模型是避免天才区以外的东西。

如果你有雄心壮志，那么就拓展技能，尽量学习更多东西，这是一件好事。我们都可以在一定程度上这样去做。如果不离开自己的舒适区，尝试新鲜事物，我们就永远也无法成长。但我们在这里谈的不是成长，而是实际表现。世界上确有极少数人好像做什么都有非凡的天赋，但在这里，我们假设自己不属于那类人。

虽然我们能够学习新技能、新知识，但不同领域总会有高低之分——无论是由于投入了时间、积累了经验还是具有了天赋，有些事情是我们自然而然就能够做到出类拔萃的，而有些事情是我们总觉得棘手的。

以迈克为例。

他是世界上最有天赋、最多才多艺的音乐家之一。他是出色的钢琴家，能读懂琴谱（这些年能做到的人越来越少了），也能听歌识谱。他把才华运用到音乐剧中，发现自己居然是优秀的演员和灵魂歌手。迈克在音乐剧领域几乎做得每一件事都非常出色。

但迈克不会跳舞。他有很好的节奏感，能够抓准节拍和速度。无论是演奏还是唱歌，他都能够完美执行。但如果让他跳舞，你就是要了他的命，他也学不会。他有时会参加需要许多跳舞镜头的演员招募，但往往会成为试镜会评委的笑料，使自己尴尬不已。

迈克是搬起石头砸自己的脚，他明明有机会参演用不着怎么跳舞就能突出他其他才华的角色，却固执地坚持想要成为唱歌、跳舞、演戏俱佳的全能型演员。很快，选角导演意识到迈克不会接受他们的邀约，干脆就不找他了。

迈克离开了自己的天才区。他缺少自知之明，不懂得自己的优势和劣势所在，也不知道如何扬长避短。由于唱歌、跳舞、演戏都是相关的，他坚持认为自己在这三个领域都有类似的功力和表现，但他错了。你可别学迈克。

精通多个领域固然是一件好事，但我们是人，必须了解自己的弱项，这就是反向思考思维模型的宗旨，有些事情是你永远也无法拥有敏锐的触觉或能力的。认识到这些弱项，是你成长的一部分。这并不意味着承认自己失败，只是做这一件事是会失败的。所以接受这个事实，避免这个领域，坚持做自己有天赋的事情。在这个领域，你最为卓有成效，甚至感觉最好。

不要离开自己的天才区，做注定会失败的事。留在自己的天才区，取得稳定可靠的成功。找出自己的战略优势，发挥到极致。不要自欺欺人地非要展示自己的弱项，而是要扬长避短。

重申一下，你可以尽情发展自己认为适合的能力。但你要认识到，你总是有一些特质或技能，是可以自然而然做得更好的。不要为自己的弱项感到羞愧或尴尬，而是要为自己的强项感到自信。

针对这个话题，查理·芒格（是的，又是他）是这样说的：

我们要做自己理解的事情。我们何必要在毫无优势——甚至陷于劣势——的领域参加比赛呢？何不在具有明显优势的领域参加比赛？每个人都必须找到自己的才华所在，你必须发挥自己的优势。如果想要在自己最差劲的领域取得成功，你的职业生涯就会惨不忍睹。我基本上可以打包票，要在自己最差劲的领域取得成功，就像是买彩票中头奖，或者在其他方面走大运一样渺茫。

芒格真是非常睿智的！

避免待办事项清单

用于集中精力关注目前最重要的事情。

这个思维模型深入研究了一个不同的领域：生产力。

有时候，我们难以开始，是由于我们决定不了应该关注哪个领域。有太多事情可能引起我们的关注，有时候，我们分不清哪些是我们应该避免的，哪些是真正值得我们关注的。

每个人都知道待办事项清单的价值，但其实那并没有我们想象的那么有用，因为每个人本来就隐约知道自己应该做什么事，期限是什么时候。写下来的作用只是让人记住，比起没有待办事项清单，让人更有可能去做自己知道应该去做的事。

大多数人低估的问题在于，我们分不清事情的轻重缓急，因此，不知道自己应该做什么，不应该做什么。每一天，我们都需要选择对自己产生最大影响的任务，这里存在着许多隐藏的障碍。因此，跟待办事项清单同样重要的是，你要列出不该办事项清单。

不该办事项清单的内容或许会令人意外。要提升生产力，我们都知道显然不该做什么：上社交媒体，上网闲逛，明明要工作却在看《单身女郎》（*The Bachelorette*），或者边看书边学习吹笛子，这些显然对提升生产力毫无帮助。

你需要在不该办事项清单中填入会悄悄偷走你的时间、阻碍你实现目标的任务。这些任务是无关紧要的，会浪费你的时间，对你最看重的方面毫无帮助，你在这上面花越多时间，收益就越递减。这些任务是无用的，但区分真正的任务和无用的任务或许并非易事，需要认真思考。

或许跟其他反向思考的思维模型一样，我们只要清除不该办事项，就能够缩小优先事项的范围。配合前面章节讨论的艾森豪威尔矩阵，这是行之有效的做法。

不该办事项清单包含了几类任务。

第一，列入或许是优先事项，但由于外界环境，你目前还不能去处理的事情。这些任务在一个或多个方面具有重要性，可是在等待其他人的反馈，或者要先等相关任务完成后才能去处理。你现在是没有办法去处理这些任务的，这只会无端地占据你的脑力，因此，你需要把这些任务列入不该办事项清单。

这些任务不会跑，等你收到别人的反馈，它们还在这里。只要记下，等待别人的反馈，如果你到哪一天还没有收到反馈，就需要跟进。记下来以后，把这件事抛诸脑后，因为这是别人的待办事项，不是你的待办事项。

你也可以向别人厘清事项，询问问题，暂时把这些任务列入不该办事项清单。这样一来，你就把球抛给了别人，腾出空档，赶紧处理其他事务。

第二，列入对你的优先目标来说不能带来增值的任务。

有许多琐碎的事项是对你最看重的方面毫无帮助的，这些往往是鸡毛蒜皮的琐事会让你瞎忙活。你能否把这些任务委派、分配给别人，甚至外包呢？这些任务真的需要占用你的时间吗？换言之，这些任务值得你投入时间吗？如果你把这项任务委派给别人，除了你之外，会有人注意到区别吗？你若是亲自承担起任务，是否陷入了完美主义的泥沼呢？这些任务只是走过场、浪费时间，对全局其实并不重要。

你应该把时间花在推动整个项目前进的重要任务上，而不是花在目光短浅、微不足道的任务。

第三，列入目前持续进行，但即使花更多工夫或投入更多注意力也不能创造更多价值的任务。根据收益递减规律，我们不应该为这些任务投入更多努力。

这些任务只会浪费你的精力，因为虽然这些任务还有改进空间（有什么是没有改进空间的吗），但可能做出的改进也并不会对整体成果产生影响，或者投入的时间和精力与产生的微小成效不成比例。

实质上，这些任务应该算是完成了的。别在这些任务上浪费时间，别掉进把这些任务当成优先事项的陷阱。等你完成了要做的所有事情，再来评估一下想要花多少时间精雕细琢。

如果一项任务的完成质量已经达到你需要的90%，那么是时候环顾一下周围看还有什么任务需要从0做到90%。换言之，让三项任务的完成质量达到80%，远比让一项任务的完成质量达到100%更加有用。

第四点，也是最后一点，紧急任务！请参阅思维模型1。

当有意识地避免不该办事项清单上的事务，你就可以集中注意力，理顺安排。你不会浪费精力或时间，日产出会大幅提高。

办不该办的事，就像看一份没有菜式供应的菜单，是徒劳无功的。不该办事项清单可以让你避免精力涣散，免得在无谓的事情上浪费时间和注意力，而是优先处理重要事务。

你挂念的事情越少越好——多余的任务会造成压力和焦虑，只会妨碍或扼杀生产力。不该办事项清单可以消除大多数悬而未决的事情，为你减轻负担，腾出心思，专注一下飞来的球，沉稳地逐一击球。

思维模型23

避免阻力最小的道路

用于加强自律和意志力。

太多时候，我们不知不觉地走上了阻力最小的道路。我们甚至会绞尽脑汁，说服自己这条路是我们该走的。在这些情况下，我们所走的路都违背了自己的最佳利益。我们是懒惰的物种，凡是当下不必要的事，都不想去做。可以预见，这违背了我们的利益。

这个思维模型旨在避免似乎过于简单、过于轻松、好得难以置信的事情——因为这往往不是真的好，你错失了应该走上的道路。你面前有一条轻松的道路和一条正确的道路——很多时候，只要你避免阻力最小的道路，多半就能走上正确的道路。寻求阻力和困难，你就会知道，自己走在了正确的道路上。若是逃避困难，你很可能只会与自己想要实现的目标渐行渐远。

例如，去健身房是件正确的事，而待在家里是件轻松的事。上网搜索健康的食谱是件轻松的事，而开车到店里购买健康的食材是件正确的事。无论你做什么缓解自己的愧疚感，都不是正确的事；而看起来最困难的才是最正确的做法。

不幸的是，做正确的事通常意味着做困难的事。实际上，这两者几乎是完全重合的，这就是这个思维模型所认识到的地方。如果你想要的东西看起来是可以过于轻松地实现的，那么你多半是错过了什么。要找到人生中真正的奖赏，是没有捷径可走的，你必须应对一定的阻力。从某种意义上说，轻松的事通常还会带来同样大的困难，只是你还没有看到而已。

人们会不知不觉地走上阻力最小的道路，从在健身房少做一次锻炼，到多吃一口冰淇淋，坐电梯而不是走楼梯，买任何食物的正常版而不是低热量版。我们甚至没有意识到有两条道路，更浑然不觉自己走了偷懒的那条。

这就是这个思维模型的关键所在：你需要能够有意识地回答，

自己究竟是在偷懒，还是在做正确的事。你走的是哪一条道路？

如果你不能充满信心地说自己在做正确的事，也就没有在做正确的事——明白这一点之后，你就会被迫把正确的事和轻松的事相比较。如果你没有在做应该做的事，那么你说的只不过是借口，就是这么简单。"可是……"或者"不同之处在于……"或者"呃……"之后的话，是默认前方存在阻力，这是一件好事。

不要拐弯抹角，安抚"自我"，而是要大声说出你考虑的两条道路，如实把自己的行动归类为正确还是轻松。

你有一小时的闲暇时间。（1）跑步减肥：正确的事。（2）略过运动锻炼：轻松的事。（3）提前结束运动锻炼：轻松的事。（4）开车去买快餐：轻松的事。（5）坚持午餐控制分量：正确的事。（6）跟自己说，自己脚疼痛，所以应该休息一下：多半是不诚实却轻松的事。

当你发现自己走上了阻力最小的轻松道路，问一下自己，真实原因是什么。提示：不是"外面太热了"或者"现在太晚了"，而是"我今天不去跑步是因为我懒惰，做不到·自律和坚守承诺"。实际上，你是在质问自己，迫使自己给出诚实的答案。有时候，这是让自己醒悟过来的唯一方式。

你应该希望自己随时随地都回答说，自己在做正确的事，而很多时候这意味着你必须付出额外的努力。但当你坚持不懈地这样去做，这点额外的努力会带来回报，银行储蓄账户中复利的魔力就是一个例子。长期坚持做出不起眼的正确选择，可以带来真正的成功和进步。

做正确的事或许当下感觉是更难的道路，但当你坚持不懈地这样去做，最终会成为你实现目标的最有效途径。

这个计算包含了一个事实：你实际上必须知道自己想要实现什么目标——目标是什么，为了实现这个目标，哪些行动才是正确的。只有当你知道自己最终的目标是什么，才能判断一项行动是会让你更远离目标，还是更接近目标。当你可以设想出清晰的未来，这个思维模型的末尾部分（怎样确保你避免阻力最小的道路）才是最行之有效的。不然，经历这么多的艰难挣扎和阻力，都是为了什么呢？

所以，你下一次在阻力最小的道路和正确的道路之间犹豫不决时，应该停下来，问一下自己在10分钟后、10小时后和10天后会有什么感觉。

这好像不是什么了不起的方法，但却是行之有效的，因为这可以迫使你想一下未来的自己，看目前的道路（无论是什么）会对未来的你产生什么影响——是正面影响还是负面影响。很多时候，我们可能明知阻力最小的道路是不好的，可对后果没有切身体会，所以还是禁不住诱惑，忍不住这样去做。想一下自己在10分钟后、10小时后和10天后会有什么感觉，可以让你快速体会一下。

为什么要设想10分钟后、10小时后和10天后的感觉呢？因为这能帮助你意识到阻力最小的道路带来的愉悦感／舒适感与长期后果相比，有多么短暂。10分钟后，你可能会感觉良好，或许开始有一点羞愧。10小时后，你大多会感觉羞愧和后悔。10天后，你大概会意识到自己的决策或行动对实现长期目标产生的不良后果，满腔懊悔。你一无所获，有时候还会倒退。

例如，想象一下你运用这个规则来决定是否略过运动锻炼，跟同事一起出去吃晚餐。如果你刚开始运动锻炼，还没有养成习惯，若是决定略过一次运动锻炼，这可能会增加你日后略过甚至停止运动锻炼的概率。

你在10分钟后、10小时后和10天后会有什么感觉？10分钟后——意大利千层面或冰淇淋的味道还在舌尖徘徊，你感觉良好，夹杂着一丝丝的后悔，还有切实的愉悦感。10小时后——短暂的愉悦感已经消失，余下的几乎全是后悔，你没坚持住健康饮食。10天后——100%后悔，打破的自律已经毫无意义，成为遥远的记忆。意大利千层面并不能带来持久的好处，却让你付出了持久的代价，你和你想要实现的目标之间存在阻力。

本章要点

• 我们往往想要朝着目标前进，而不是避免负面后果——这是情不自禁的，是我们从小被灌输的思维模式，当然也未必是错的。本书其他章节讲的是正向的思维模型，而本章介绍的是反向思考的思维模型，教你怎样只专注一件事：避免思维陷阱，但实现同样的结果。

• 思维模型19：避免直接目标。直接目标就像怀揽月之志，而反向目标或逆向目标就像千方百计地避免从高空坠落到地上。通过这种方法，就跟追求直接目标一样能够实现想要的结果，但或许更加快速有效。你只要阐明最坏的情况涉及哪些因素，然后投入时间防范这些因素就可以了。

• 思维模型20：避免专家思维模式。专家纵观全局，但有时懒得理会细微之处。与直觉相反的是，新手对细微之处关注是最多的，因为他们在吸收新的信息，缓慢地进行一个过程。对某个领域采取专家思维模式，多半意味着你想当然地做出了假设，专注整体效果和概念，犯下了细小的错误。

• 思维模型21：避免非天才区。所有人都对某些领域具有天然的优势，无论付出多大的努力，我们对其他领域最多也只能达到平庸的水平。你要认识到自己的强项，虽然还是要持续努力改进自己的弱项，但要了解到自己在哪些领域可以产生最大的影响。

• 思维模型22：避免待办事项清单。事实上，列出不该办事项清单。缩小范围，排除你应该避免、无关紧要的事务，可以为你腾出许多时间。你的压力和焦虑感会有所减轻，确切地明白自己的优先事项。

• 思维模型23：避免阻力最小的道路。某件事是否似乎太轻松了？好得难以置信。避开这样的事情。寻求阻力，因为阻力是你走在正确的道路上的迹象。我们每天都面临两个选择：轻松的事和正确的事。通常情况下，我们甚至没有意识到自己有选择，但当你开始如实为自己的选择分类，就可能会发现，自己直觉上避免阻力，是搬起石头砸自己的脚。

第五章

经典思维模型

本书看到这里，你大概很清楚怎样运用思维模型了。这些思维模型是你在不同情况下安装的过滤器，确保你考虑了所有事情，做出最明智的决策。这些思维模型能够在陌生的领域或情境中为你提供帮助，或者帮助你加以改进。

最后一章的思维模型未必属于这两个类别。这些思维模型都是所谓的"同名定律"，也就是以观察者或发现者命名的定律。

这也是这些思维模型与众不同之处——它们更多是来源于实际生活中对大大小小规律的观察，其中包含了你可以在实际生活中应用的经验教训。有些思维模型或许耳熟能详，但我们还是看一下实际的定义和影响，跟你听过的例子有什么不同。

思维模型24

墨菲定律

用于确保不要心存侥幸。

有时候，我们偏偏在穿着白色裤子那一天，上班途中绊倒了。到了办公室，我们坐在肮脏的椅子上，白色裤子的两边都弄脏了。下班后，旁边一个篮球飞过来，砸在你身上，裤子前后左右都脏透了。

你可曾感觉到，一切都倒霉透了，坏事一宗接一宗，屋漏偏逢连夜雨，船迟又遇打头风，几乎就像电影一样。欢迎感受到墨菲定律（Murphy's Law）：凡是可能出错的事就一定会出错。

掉落的面包总是涂有黄油的一面着地。穿着白色的裤子总是有污水溅在身上。刚洗过车，就会有鸟儿在引擎盖上拉屎。刚开始节食，你的爱人就会带回家一个免费的芝士蛋糕。明白了吧——无论你专注于什么，只要存在最坏的情况，最坏的情况就一定会发生。

大多数时候，人们开玩笑地提起墨菲定律的诅咒，说的是不幸的巧合，也说的是事事倒霉的感觉。这些包括：

• 墨菲定律第一推论：如果你不管，事情往往会变坏。如果你想纠正，只会加快变坏的进程。

• 墨菲定律第二推论：万无一失的结果是不存在的。

• 墨菲常数：一件物品损坏的概率与其价值成正比。

• 墨菲定律量化版：所有事情都会同时变坏。

• 依托勒观察（Etorre's Observation）：你排队的那一列一定是最慢的。

你多半明白了吧。如果事情有变坏的可能，不管这种可能性有多小，它总会发生。但你在后文中会看到，墨菲定律有非常实际的应用。

墨菲定律是一个相对较新的概念。1928年，魔术师亚当·舍克（Adam Shirk）写道，在魔术表演中，10件可能会出错的事情，通常有9件都会出错。大约在20年后的1949 年，美国空军工程师爱德华·墨菲（Edward Murphy）上尉提出了墨菲定律，这个概念开始广为人知。

爱德华·墨菲费尽心思地设计飞机，你或许可以猜到，整个过程并不顺利。他历经漫长的一系列失败测试和设计，最终表示："如果有两种方式去做某件事情，而其中一种选择方式将导致灾难，则必定有人会做出这种选择。"这句话最终演绎成今天的版本："如果坏事情有可能发生，它总会发生。"随后，这句话成为空军工程师和设计师的警句。

最后，大家发现，空军的安全记录几乎完美无瑕，是由于相信墨菲定律，而墨菲定律鼓励大家复核、确认和严格测试失效安全和冗余。

墨菲定律的思维模型作用就在这里。它提醒我们，一切都是可能失败和出现失误的。有些时候，失败纯属巧合，是不可阻止或预测的。还有些时候，失败来源于一系列系统性失误，是不可避免的。

例如，墨菲定律会对跳伞者产生什么影响？跳伞者需要一个主降落伞，若有备用伞就更好了，备有第三个降落伞更是明智之举。

在世界上的失效安全、备份计划和应变计划背后有墨菲定律的影子。墨菲定律提醒我们，即使对某件事99%确定，还是要核查。跳伞者的降落伞失灵的几率有多大？大概是极微小的，但我敢打赌，你不会携带一个近期未检查过的降落伞跳出机舱。

依赖人不是明智之举，因为总的来说，人是粗心大意的笨蛋——这绝对包括我自己。

如果你以为一切都按计划进行，这大概是误解。这适用于几乎所有人类的努力——从小孩参加数学考试，到电工修理烤箱，厨师煮龙虾，火箭科学家发射太空船上外太空。记住墨菲定律，你就可以大幅改变对确定性的态度。

墨菲定律立足的细小裂缝是什么呢？有什么真正需要验证／确认的呢？我的计划（食谱、测试、任务）有哪个环节是我暗地里希望可以蒙混过关的呢？为最坏的情况制订计划，就像反向思考的思维模型，是致力于避免你不想要的东西，而不是把目标定在你想要的东西上。

或许你可以蒙混过关，但你不应该依赖这样的思维模式。

思维模型25

奥卡姆剃刀定律

用于确定任何事情的可能性。

如果你声称在空中看到"飞行物",你相信这是什么呢?

A. 蜥蜴人的太空船,来夺回它们的星球。

B. 古代金字塔建造者的后代。或许是蜥蜴人?

C. 古希腊奥林匹斯十二主神之首宙斯复活。

D. 以上皆非。

你有许多有说服力的理由去选择D。但奥卡姆剃刀定律(Occam's Razor)表达出了最有力的理由:最简单的解释反而最可能是最接近真相的答案。

你在为事件或情况寻求解释时,可能会运用各种方法和理论进行分析,一个比一个复杂。这些是选项A、选项B和选项C。

这种头脑风暴或许能产生良好效果，但未必是最佳做法，理由很简单：涉及的因素越多，正确的概率就越低。因此，涉及的因素越少，正确的概率就越高。

这就是奥卡姆剃刀定律的核心所在，这个理论是14世纪神学家兼哲学家、奥卡姆的威廉（William of Ockham）提出的（奥卡姆的英文拼写久而久之发生了变化）。

奥卡姆剃刀定律最初的表达是，"如无必要，勿增实体。"简言之，在解决问题的时候，不应该引入过多额外的假设、变量或外来因素，使得问题的解决变得过于复杂。从原有的原则引申出来，奥卡姆剃刀定律如今经常说成是，"最简单的解释通常是正确的"或者"需要最少假设的解释最有可能是正确的"。

正因如此，选项D是正确的。这是最简单的答案，涉及的变量最少。因此，这是最有可能的解释。

奇怪的是，你最初的本能不是选择最简单、变量最少的答案。我们通常会选择最现成、最便捷或最惊人的解释，这往往是我们在某个情况中希望看到的，或者绝对不希望看到的。

例如，在晴朗的夏天，你一大早醒过来，发现门外的垃圾桶在夜里翻倒了，垃圾在车道上撒得到处都是。究其原因，你可以提出几个不同的理论：

- 一道闪电从天而降，击中和打翻了你的垃圾桶。

- 一群不良少年蓄意捣乱，决定袭击你的垃圾桶。

- 一只外星蜘蛛从宇宙的虫洞里爬出来，在你的垃圾桶里翻找一种物质，帮助它回到自己的星球。

- 附近一只浣熊找东西吃，推翻了你的垃圾桶。

奥卡姆剃刀定律表明，正确的答案大概是最简单的——不需要一大堆不切实际的理论或迂回的思路才能解释。变量越少越好——浣熊是唯一至少可能属实的变量。

对于其他三个可能性，究竟是怎么发生的，你必须给出相当复杂的解释。每添加一个额外因素，都会大大降低整体概率。

在夏天晴朗的夜晚，怎么会有闪电？一群不良少年真的会以弄乱别人的垃圾桶取乐吗？外星蜘蛛真的那么无能，需要到你的垃圾桶找东西吗？

这个例子有点过火，但奥卡姆剃刀定律适用于日常情境，帮助我们解读或解释某一事件的问题。解释越是复杂或曲折难懂，正确的可能性就越低。生活不是电影《盗梦空间》（*Inception*）的情节。

这个思维模型鼓励我们从最简单的解释出发，仔细而又缓慢地逐一加入额外因素。奥卡姆剃刀定律是一个原则，不是规则。有时候，最简单的回答其实不是真相，或许真相包含了许多复杂的因素。不是每一个复杂的情境都应该置之不理，此外，如果简单的答案并未把确凿证据或数据纳入考虑，那么这个答案还是无效的——简单归简单，但如果缺乏可予证明的方法支持，那还不是正确的答案。

但奥卡姆剃刀定律几乎总是开始着手解决问题的最佳方式。先去考虑对某件事最容易解释、最简单、最切合实际的诠释，只有在合理的情况下，才去考虑更错综复杂的解释。过于繁杂或不必要的元素只会让你分心，无暇顾及原来的问题。努力了解情况时，不要天马行空——很多时候，最初级、最基本的解决方案才是最准确的。

思维模型26

汉隆剃刀原则

用于在解释行动时不要恶意揣测别人。

虽然世界是复杂的，但事情往往会简单直接地得到解决。这就是奥卡姆剃刀定律所鼓励的，而汉隆剃刀原则（Hanlon's Razor）也有异曲同工之妙。

汉隆剃刀原则最初是在1774年由罗伯特·汉隆（Robert Hanlon）提出的，原文是："如果粗心足以解释的话就不要归咎为恶意。"现代最为广为人知的版本是"斥之以愚，勿斥以恶（能解释为愚蠢的，就不要解释为恶意）"，常被人说是拿破仑一世（Napoleon Bonaparte）说的，但其实很可能是作家罗伯特·海莱因（Robert Heinlein）的话。

那么，这究竟跟奥卡姆剃刀定律有什么关系，跟偏好简单的解释和尽量少的变量有什么关系呢？因为根据他人的行动来假设其意图和动机，是一个相当大胆的假设。看似有恶意或其他负面意图的行为，最可能是疏忽或无能的结果。

换言之，一个人较容易出于疏忽或无能做出负面的行动，而要真正归咎于恶意，还要多几个步骤。人类并没有特异功能，我们无从得知别人的意图。

这个思维模型在社交领域做出简单的假设。如果你假定别人只会真诚待你，那么就会大大改善你的人际关系。

例如，你想在杂货店买一个品牌的麦片，可是站在你前面半米的一个人拿走了最后一盒。你厚着脸皮，生气地对前面的人喊道："你知道我有多想要这盒麦片吗？你一点都不体谅我的心情！"可是前面的人头也不回。后来，你排队结账，观察他，才发现对方是聋子，听不见你的话。

这下子，你觉得自己太傻了。你平白无故地感到焦虑和愤怒。你本来可以保持冷静，不用在意，可是你没有。汉隆剃刀原则迫使你抛开受到冒犯的"自我"，在分析情况时，假定每个人都怀有最大的好意。人们有时是轻率和欠考虑的，包括你在内，但通常情况下，并不像你想象的那样。同理心本身就是一个思维模型。

然而，这并不意味着我们应该放下戒心。当你把这个思维模型套用到所有事和所有人身上，就会对恶意视而不见。这是危险的做法——深夜里有人跟在你身后，跟着你拐了五个弯，这很可能不是出于疏忽或无能。

思维模型27

帕累托法则

用于确定把时间和资源投入何处会产生最大的影响。

我还清楚记得，刚开始加大写作力度的时候，我会把很多时间投入到最终无关紧要的事情上，白费工夫，但当时却浑然不觉。这很容易就会变成完美主义和分析瘫痪，而我也不例外。

由于我感觉十分投入，想要尽量传达出最大的价值，我花费了太多时间做出细微的变动和编辑，除了我之外，没有人会注意。我想，我是用心了，可这并不会带来商业上的成功。

整体传达的信息和效果基本上是一样的，可我会把一句话改了又改，改到满意为止。因此，我花了接近一年的时间才撰写和编辑完第一本书。这不是说质量控制并不重要。然而，我现在意识到，绞尽脑汁地纠结书里每一个词的选择是没有用的，尤其是当整体传达的信息和效果并没有改变或改进时。毕竟，一本书重要的是什么？在小说里是情节和人物。在非小说里，是明白的经验教训。无论如何，都不是我花了太多时间纠结的事情。在任何事业中，真正重要的只有几个方面，鼓捣细微的地方通常是徒劳无功的。

其中主要的理由是"二八定律"（80/20 rule），也称为"帕累托法则"（Pareto Principle），这个同名定律就是我们这个思维模型。

帕累托法则是意大利经济学家帕累托发现的。他准确地指出，意大利仅仅20%的人占有了80%的房地产。于是他想到，同样的分布是否适用于生活其他方面呢？事实上，他是对的。

帕累托法则适用于人类体验的每个方面：我们的工作、人际关系、职业生涯、成绩、嗜好和兴趣爱好。大多数事情都符合帕累托分布，投入和产出的比率是相当倾斜的。我们要做的是实现最佳的投入产出比。

- 你从事一项任务，其中80%的成果是由20%的活动和努力产生的。

- 80%的利润是由20%的任务创造。

- 你得到的80%的幸福感来自20%的照片。

- 一个项目80%的成功来自20%的任务。

- 你生活中80%的问题来自20%的人。

- 你80%穿的是衣柜里20%的衣服。

从某种意义上说，这关系到前面章节中关于收益递减规律的思维模型。在20%之外，你投入越多，带来的收益会递减。因此，除非你有一个极其清晰的目标，要让某个东西取得最佳表现或效率，你应该只专注那具体的20%，而不是其余80%的任务。

这个思维模型有一个简单的主张和经验教训：在你寻求改善的领域，找到能带来80%产出的20%投入，专注这20%。不要企图同时去做所有事情，只专注重要的方面，取得更多你想要的结果。

例如，如果你设定了减肥的目标，你只要采取觉得自己该做的20%行动（例如：多喝水减轻饥饿感，每周上健身房三次），就可以实现80%的减肥目标。其他事情（例如：严格计算卡路里，随身携带装有西兰花和鸡肉的特百惠保鲜盒，进行速成节食，挥汗如雨地蒸桑拿减重）——这80%的努力只会带来20%的结果。因此，专注于尽量做好这20%的事情，忽略其他方面。除非你想成为健身模特，否则做这80%的事情基本上是无用的。

如果你的公司出售一系列产品，但80%的销量是来自一个小小的米老鼠周边产品系列，你觉得应该怎么做？大概是放弃其他产品，扩大米老鼠周边产品规模。

你以为这80%的任务会产生影响，但其实不然——这对你最看重的方面没有影响，对你的最终结果没有影响，对你害怕会评头论足的人也没有影响。这些任务微不足道，类似我们很快就会在思维模型30中谈到的。我们不是敷衍塞责，而是要最大限度地提升效率。

这个思维模型在工作和生产力领域有相当清楚的应用。论及活动或人际关系为生活带来的享受，也是同样的道理。你只需要拿"怎样减轻工作量，获得更大的幸福感"替代"怎样减轻工作量，赚到更多钱"。同样的问题适用于不同领域，你20%的人际关系会为你带来80%的幸福感，你20%的嗜好会为你带来80%的享受。

帕累托法则这个思维模型鼓励我们提升效率，取得最佳的投入产出比。不管细节或完成情况如何，哪些任务会产生最大影响？把这些任务放在首位——这些任务或许已经足以满足你的目的。以结果为导向，不要纠缠旁枝末节。

思维模型28

史特金定律

用于去芜存菁，节省脑力。

这一定律最初是由科幻小说作家席奥多尔·史铎金（ Theodore Sturgeon，1918-1985年 ）提出的，原称"史铎金发现"（ Sturgeon's Revelation ）。

在1958年发表的一篇专栏文章中，他为自己选择的文体辩护，因为当时的科幻小说还没有摆脱纯属低俗小说的名声。史铎金认为，批评者对科幻小说的意见是以最低劣的例子为依据的。"90%的科幻小说是废物、糟粕或垃圾，按同样的标准，你也可以说90%的电影、文学、消费品等是垃圾。"

于是，史特金定律（ Sturgeon's Law ）由此诞生："任何事物，其中90%都是垃圾。"

　　史特金把这句格言套用到艺术和产品上，使之产生了更丰富的内涵：既然我们消费、阅读、观看或评估的绝大多数东西都是垃圾，我们需要少花时间痴迷于这些方面，甚至要置之不理。我们应该专注于10%有意义、启迪人心或者可以为我们带来某种帮助的方面。

　　基本上，史特金定律是更丰富多彩、限制性更强的帕累托法则。就像帕累托法则，史特金定律也适用生活的方方面面。史特金定律只是为我们设定了更高的标准。

　　为讨论起见，史特金定律是指绝大多数信息都是质量低下的。你甚至可以说，我们每天所想的事情中，90%都不值得我们浪费时间。这在一定程度上是真的。我们的大脑每天产生100万个神经环路——当然，其中大部分是不必要的，甚至是无用的。

　　在两个方面，史特金定律有助于我们清晰思考。首先，想一下，我们可能用于评估某件事的信息当中，有那么多是不必要、质量低劣、无关紧要，甚至是完全错误的。第二，我们不应该过分纠结于那些部分有多么糟糕，而是应该专注良好的思维和流程。

因此，我们在努力解决问题或了解情况时，应该专注最重要的部分或者最可靠、最可证的信息，不要把太多精力浪费在最常见的缺陷或最低劣的元素上。史特金定律表明，低质量的信息是不重要的，因此是可有可无的。正如奥卡姆剃刀定律所示，过于关注无关紧要的信息，只会导致本质思考脱离正轨。

当然，史特金定律有几个限制条件。每个人的标准都是相对的，我们的"眼中草"，可能是别人的"手中宝"。比率也可能各不相同：在某些情况下，或许只有75%是垃圾。在10%的非垃圾里面，不是所有东西都是宝贝，有些只是比垃圾略好一点而已。

但史特金定律绝对不是垃圾，它可以很好地帮助你厘清和优化思维方式，抗衡心智游移到琐碎或无关紧要的方向的倾向。找到绝对不是垃圾的10%，从这里出发。归根到底，这个思维模型鼓励你决定在哪些方面投入时间和精力时，应该精挑细选，永远抱有去芜存菁的生活态度。

思维模型29～30

帕金森定律

用于克服拖延症，花更少时间做更多的事。

英国历史学家西里尔·帕金森（Cyril Parkinson）是多才多艺的人，但就这个思维模型而言，我们会集中讨论最终以他命名的两个同名定律，这两个定律都是与生产力相关的。

第一个定律称为"帕金森鸡毛蒜皮定律"，也称为"自行车棚效应"。这个定律背后的故事是这样的：一个委员会负责设计一座核电站，这显然是一项重大的工程，委员会需要适当审慎行事，处理建造新核电站的安全机制及其对环境的影响。

委员会定期会晤，能够消除大多数安全和环境问题，甚至能够确保核电站设计美观，肯定会吸引最优秀的工程师。

然而，委员会开会处理余下的问题时，一个问题反复出现：

为骑自行车上班的员工提供的自行车棚设计。

这包括颜色、标识、所用材料、安装什么类型的自行车架。委员会纠缠于这些细节——对于核电站运作的大局来说，这是无关紧要的细节。他们纠缠于旁枝末节，公说公有理，婆说婆有理。

帕金森是这样总结自行车棚讨论这场闹剧的："议程表上每个项目所需要的讨论时间与该项目所涉及的金额成反比。"

这就是帕金森鸡毛蒜皮定律的本质。人们很容易想太多，纠缠于对一项任务的大局无关紧要的细节，重要性高得多的重大问题反而草草了事。人们会不知不觉地把不成比例的时间和注意力投向鸡毛蒜皮的任务。如果你后退一步，进行评估，就会禁不住问道："这有啥关系呢？"

这就是"只见树木，不见森林"的典型案例，会让你不知不觉地远离想要实现的目标。之所以会出现这种现象，主要有两个理由。

第一个理由是拖延症和逃避心态。当人们想要拖延一件事，又不想无所事事，就经常会找一些好像有用的事瞎忙活。鸡毛蒜皮的琐事在某个时候还是需要处理的，我们可以没完没了地折腾，感觉自己好像在做事，而不是成天躺在沙发上啥也不干。

正因如此，我们在拖延工作时，会打扫卫生。我们在潜意识地逃避工作，但聊以自慰地想着，"至少我在做有用的事！"

纠缠鸡毛蒜皮的琐事就相当为了逃避工作而打扫浴室。从某种意义上说，你在做有用的事，可这并不能帮助你实现整体目标。正因如此，当委员会成员在处理一堆安全问题时卡住了，就索性去处理理论上可以解决的问题：自行车棚。

鸡毛蒜皮的任务在某个时候需要处理，但你需要评估应该在什么时候处理。鸡毛蒜皮的琐事很容易就会悄然溜进我们的生活，作为真正提高生产力的安慰剂。

第二个理由是在小组讨论中，鸡毛蒜皮定律可能是由于个人想要做出贡献，但发现自己只能在最鸡毛蒜皮的琐事上做出贡献。他们是委员会成员，但不具备所需知识或专业知识，无法在更重大的事情上做出贡献。

然而，每个人都可以设想出一个廉价、简单的自行车棚，所以，谈起规划自行车棚，可以说个没完没了，每个人都想要加入自己的设计，展示出自己做出的贡献，证明自己的聪明才智，这完全是自私自利的。

召开会议的主要和唯一理由是解决需要多人提出意见的重大问题。为了完成任务，把一群人锁在一个房间里，让他们参与头脑风暴会议，是一个久经验证的方法——前提是你可以坚持遵循议程。其他事情应该独立解决。不然，讨论水准无可避免地会降低到与会人士最肤浅的共同话题。

如果有人开始讨论议程以外的话题，你就知道鸡毛蒜皮的琐事找上门来了。如果有人在大项目的细微之处上浪费时间，那么鸡毛蒜皮的琐事就已经登堂入室了。如果你发现自己在处理棘手的事务时，突然忍不住去整理放袜子的抽屉，鸡毛蒜皮的琐事已经沏好一杯茶，安然就座。

当你纠缠那些可能不需要调整、不会对你的整体目标产生影响的琐碎任务，是时候停下来"充电"，而不是假装自己在做有用的事。

要运用这个思维模型，避免纠缠鸡毛蒜皮的琐事，关键有三点：（1）制定严格的议程，无论是待办事项清单、日程还是其他方法，你要知道自己应该专注哪些方面、忽略哪些方面；（2）明白你当天的整体目标，不断地问自己正在做的事是有助于实现整体目标，还是逃避整体目标；（3）在自己精力开始耗尽时意识到这一点，避免自己转向鸡毛蒜皮的琐事。

要对抗帕金森鸡毛蒜皮定律，只要意识到这一点，你就成功了一半。

帕金森的另一个定律更加有名，被称为"帕金森定律"（Parkinson's Laws）。拖延症患者为自己辩护的一个理由是，自己在期限紧张时工作效率更高："我在有期限时，工作效率最高！"

帕金森定律表明，只要还有时间，工作就会不断扩展，直到用完所有的时间。无论给自己定了多长或多短的期限，你都会耗尽所有的时间来完成工作。如果给了自己宽松的期限，你就逃避了自律；如果给了自己紧张的期限，你就可以发挥自律。

帕金森观察到，当官僚机构膨胀时，其效率不增反减。人们拥有的空间越大、时间越多，他们耗费的空间和时间就越多——他意识到，这一点也适用多种其他情形。这个定律的一般形式变成了扩大规模会降低效率。

论及专注力和时间，帕金森发现，为了打发分配给完成任务的时间，人们会把简单的任务复杂化。减少完成任务可用的时间，会让任务变得更简单、更容易，可以更及时地完成。

在帕金森定律的基础上，对大学生进行的一项研究表明，为完成作业设定严格期限的大学生，持续比给自己过多时间或不设期限的学生表现更佳。为什么会这样？

人们给自己工作设定的人为限制，可以让他们的效率远高于其他人。他们没有给自己放纵的时间，所以不会花费许多时间为任务忧心忡忡。他们着手工作，完成项目，然后转到下一项任务。他们也没有时间反复琢磨最终无关紧要的事情——这是很常见而又不易察觉的拖延症。他们可以潜意识地只专注于对完成任务来说重要的元素。

很少人会要求你甚至叫你减轻工作量。因此，如果你想要提高生产力和效率，就必须为完成任务所用时间施加人为限制，从而避免落入帕金森定律的陷阱。只要简单地为工作设定时间限制和期限，你就会迫使自己专注任务的关键元素。你不会光是为了打发时间，就让事情变得过于复杂或困难。

例如，你的上司给了你一个电子表格，要求你在本周内制作几个图表。这个任务可能需要一小时，但你查看了这个电子表格之后，发现到表格紊乱，难以阅读，于是你开始编辑。这花了你一个星期的时间，但你要制作的图表本来只需要花一小时。如果你的期限是一天，你就会只专注于图表，而忽略其他不重要的事情。帕金森定律表明，当我们有了更多空间，工作就会不断扩展，直到用完所有的时间。

　　设定紧迫的期限，不断给自己提出挑战，你就可以避免这个陷阱。若是设定遥远的期限，通常也意味着你会持续面临背景压力。因此，你应该要求自己尽早完成任务。给自己更少的时间，才可以节省时间。

本章要点

* 思维模型24：墨菲定律。凡是可能出错的事就一定会出错，所以，确保一件事没有机会出错。不要抱着得过且过的心态，确保尽量做好失效安全措施。

* 思维模型25：奥卡姆剃刀定律。最简单、变量最少的解释最有可能是正确的。我们的本能是选择最先浮上心头的解释，这更多关系到我们想要看到或避免的东西。

* 思维模型26：汉隆剃刀原则。看似恶意的行为更有可能是无能、愚蠢或疏忽的结果，对他人意图的假设很有可能是错误的。不要恶意揣测别人，就可以改进你的人际关系。

* 思维模型27：帕累托法则。我们采取的20%的行动，往往造就了80%的结果，这是一个自然的分布。因此，我们应该专注于20%，以尽量提高投入产出比。这为的是以结果为导向，只是依照数据行事。这不是敷衍塞责，而是了解哪些方面会产生影响。

* 思维模型28：史特金定律。任何事物，其中90%都是垃圾，

因此，你在决定在哪些方面投入时间和精力时，应该精挑细选。从绝对不是垃圾的10%出发，缓慢地往外拓展。从某种意义上说，这是限制更大的帕累托法则。

• 思维模型29～30：帕金森定律。第一，鸡毛蒜皮的琐事很容易就会占用你的时间，因为这些事虽然无关紧要，但会让你感觉好像做了有用的事、表达出自己的意见，因而感觉良好。你要明白自己真正的优先目标，问一下自己是否朝着实现目标的方向发展。第二，只要还有时间，工作就会不断扩展，直到用完所有的时间。因此，你应该订立更紧迫的期限。若是设定更宽松的期限，经常会导致自找麻烦。